高压直流输电
低碳技术及应用

中国南方电网超高压公司
中国电力工程顾问集团中南电力设计院有限公司　编著

中国电力出版社
CHINA ELECTRIC POWER PRESS

内 容 提 要

　　为满足绿色电网建设的需要，中国南方电网超高压公司和中国电力工程顾问集团中南电力设计院有限公司结合工程建设实际经验，全面分析了高压直流输电系统低碳相关技术及应用，提出了为实现高压直流输电工程低碳建设和运营的指导性意见。

　　本书共七章，分别为概述、高压直流输电系统规划低碳技术、换流站低碳技术应用、线路低碳技术应用、接地极低碳技术应用、环境保护与减排、展望。

　　本书可供电力规划设计、电力建设及运营等相关人员参考使用。

图书在版编目（CIP）数据

　　高压直流输电低碳技术及应用 / 中国南方电网超高压公司，中国电力工程顾问集团中南电力设计院有限公司编著. —北京：中国电力出版社，2020.8（2022.3重印）
　　ISBN 978-7-5198-4929-0

　　Ⅰ. ①高… Ⅱ. ①中…②中… Ⅲ. ①高压输电线路–直流输电线路 Ⅳ. ①TM726.1

　　中国版本图书馆 CIP 数据核字（2020）第 203917 号

出版发行：中国电力出版社
地　　址：北京市东城区北京站西街 19 号（邮政编码 100005）
网　　址：http://www.cepp.sgcc.com.cn
责任编辑：王春娟　陈　倩（010-63412512）
责任校对：黄　蓓　李　楠
装帧设计：郝晓燕
责任印制：石　雷

印　　刷：三河市百盛印装有限公司
版　　次：2020 年 8 月第一版
印　　次：2022 年 3 月北京第二次印刷
开　　本：710 毫米×1000 毫米　16 开本
印　　张：14.25
字　　数：215 千字
印　　数：1001－1500 册
定　　价：55.00 元

前　言

在全球应对气候变化、全面促进低碳发展的大背景下，生态与环保刚性约束进一步趋紧，加快能源结构调整的步伐，向清洁低碳、安全高效转型升级迫在眉睫。电力行业是我国碳排放和碳减排的重点领域，如何使电力发展满足经济社会发展和温室气体减排的双重需要，是电力行业亟需重点解决的难题。

电网作为连接发电侧和用电侧的重要枢纽，在促进低碳发展中发挥着关键、不可替代的作用。近年来，中国、美国、日本、韩国、澳大利亚及欧洲的许多国家都提出了建设高效、智能电网的计划或设想，以促进电力工业节能减排和可持续发展。对电网企业而言，采用直流输电技术，能够将大规模的清洁能源远距离输送至负荷中心，不仅在解决我国能源分布和消费地域不均衡的问题中起到了主要作用，同时也是电力行业实现低碳的重要途径。

高压直流输电工程在我国已建设和发展 30 余年，已经成为远距离、大容量输电的主要方式，也是构建清洁低碳、安全高效能源体系的重要组成部分。按照绿色低碳发展的要求，随着技术的进步，越来越多的低碳技术应用于高压直流输电领域，迫切需要系统的研究和总结。本书作者依托高压直流输电工程建设经验，从输电方式规划、换流站设计、接地极设计、直流输电线路设计等方面，全面研究总结高压直流输电规划、设计、设备、材料等相关实用、先进的低碳技术；同时结合典型工程实例，进行各项低碳技术应用和效益分析，编写形成《高压直流输电低碳技术及应用》一书，希望对从事高压直流输电技术研究、规划、设计、建设领域的电力工作者有所裨益。

因作者水平所限，书中难免出现疏漏或有待改进之处，敬请读者批评指正。

作　者
2020 年 7 月

目　录

第 一 章

概　　述

第一节　直流输电低碳技术应用背景

化石能源的大量使用，引起全球气候变化，带来生态、环境等领域的一系列问题，实现经济—能源—环境的协调可持续的发展日益成为世界各国的共识和目标。

我国人口众多、人均能源资源拥有量相对较低，随着经济规模不断扩大，资源约束日益趋紧；发展方式粗放、能源利用效率低、环境污染问题突出、生态系统退化，实现低碳可持续发展的任务艰巨。

低碳是指较低（更低）的温室气体（二氧化碳为主）排放，旨在倡导一种低能耗、低污染、低排放为基础的经济模式，它的实质是提高能源利用效率和提高清洁能源比重、追求绿色 GDP，核心是能源技术创新、制度创新和人类生存发展观念的根本性转变。低碳经济，以新一轮的世界能源变革为基础，将推动人类社会从工业文明迈向生态文明。生态文明建设要求大幅削减各种污染物排放，有效防治水、土、大气污染，显著改善生态环境质量，要求能源与环境绿色和谐发展。该目标的实现，要求各国积极应对气候变化，更加主动控制碳排放，坚决控制化石能源总量，优化能源结构，共同推动能源低碳发展迈上新台阶。

2009 年 12 月 7～18 日《联合国气候变化框架公约》第 15 次缔约方会议暨《京都议定书》第 5 次缔约方会议，即哥本哈根世界气候大会，在丹麦首都哥本哈根召开。会上中国承诺在 2005 年基础上，到 2020 年将万元 GDP 碳排放量减少 40%～45%；2020 年单位 GDP 碳排放要比 2005 年下降 40%～45%。2015 年 12 月，《联合国气候变化框架公约》近 200 个缔约方在巴黎气候变化大会上达成

《巴黎协定》。这是继《京都议定书》后第二份有法律约束力的气候协议，为2020年后全球应对气候变化行动作出了安排，参与国共同承诺将全球气温升高幅度控制在2℃的范围之内。2016年9月3日，中国全国人大常委会批准中国加入《巴黎气候变化协定》。

为加快资源节约型、环境友好型社会建设，中央和各级政府把节能减排工作作为调整经济结构、转变发展方式的突破口，作为宏观调控的重点，出台了一系列促进节能减排的政策措施。我国在"十一五"时期，节能减排工作取得了显著成效，全国单位国内生产总值能耗降低19.1%，2014年，中国单位国内生产总值能耗和二氧化碳排放分别比2005年下降29.9%和33.8%。2014年，国务院办公厅发布《能源发展战略行动计划（2014～2020年）》明确提出，到2020年，我国非化石能源占一次能源消费比重达到15%，天然气比重达到10%以上，煤炭消费比重控制在62%以内。"十三五"期间，我国要完成到2020年单位GDP碳排放要比2005年下降40%～45%的国际承诺低碳目标，同时根据中国国情、发展阶段、可持续发展战略和国际责任，确定了到2030年的自主行动目标，即：二氧化碳排放2030年左右达到峰值并争取尽早达峰，单位国内生产总值二氧化碳排放比2005年下降60%～65%，非化石能源占一次能源消费比重达到20%左右。

十九大报告中指出"建设生态文明是中华民族永续发展的千年大计"，同时也提出了"加快生态文明体制改革，建设美丽中国"的要求与目标。落实到能源领域，一是推进能源生产和消费革命，构建清洁低碳、安全高效的能源体系。二是要着力解决突出环境问题，持续实施大气污染防治行动，打赢蓝天保卫战，积极参与全球环境治理，落实减排承诺。2018年5月的全国生态环境保护大会，明确传递出中央打好污染防治攻坚战、推动生态文明建设迈上新台阶的坚定决心。

2019年，我国的能源消费构成中，煤炭消费量占能源消费总量的57.7%，其中电力行业用煤占52%左右。构建低碳能源体系，实现减排的目标，低碳电力是一个关键环节。

"十二五"期间，我国电力建设步伐不断加快，截至2015年底，全社会用电量达到5.69万亿kWh，全国发电装机达15.3亿kW；西电东送规模达1.4亿kW；220kV及以上线路合计60.9万km，变电容量33.7亿kVA。电源总装机规模、清洁能源装机规模、电网建设规模以及全社会用电量均居世界首位。

"十三五"期间，为满足经济社会发展需要，我国将继续加快电网发展建设，

2

构建全国能源资源优化配置平台，全面覆盖能源基地和用电负荷中心，加大"西电东送、北电南供"规模，实现能源发展的节约、清洁、安全。

直流输电可以充分利用线路走廊资源，节约工程占地，单位走廊宽度的送电功率约为交流的 3～4 倍。±500kV 直流线路走廊宽度约为 56m，送电容量 3000MW；而 500kV 交流线路走廊宽度约为 60m，送电容量 1000MW。如采用特高压直流输电将进一步节约线路走廊。同时，直流输电可实现长距离、大容量的电力传输，从而促进清洁能源的开发，实现西电东送目标。由此可见，直流输电技术是输电领域符合我国国情的节能减排的重要措施。为降低直流输电工程中的电能损耗，实现直流低碳运营的目的，开展低碳技术体系的应用研究，探索直流低碳新技术、新设备、新材料的逐步推广应用将具有重要的现实意义。

第二节　直流输电技术特点及应用

一、直流输电技术的特点

与交流输电技术相比，直流输电具有的主要优点为：不存在交流系统固有的稳定问题、功率调节快速可靠、不增加被联电网的短路容量、线路造价低、损耗小等。

（1）直流输电一般不存在交流输电固有的稳定问题，有利于远距离大容量送电。

交流输电的输送功率 P 可表示为

$$P = \frac{E_1 E_2}{X_{12}} \sin \delta \qquad (1-1)$$

式中　E_1、E_2——送端和受端交流系统的等值电势，kV；

　　　　δ——E_1 和 E_2 两个电势之间的相位差，°；

　　　　X_{12}——E_1 和 E_2 之间的等值电抗，对于远距离输电，X_{12} 主要是输电线路的电抗，Ω。

当 $\delta = 90°$ 时，有

$$P = P_m = \frac{E_1 E_2}{X_{12}} \qquad (1-2)$$

式中　P_m——输电线路的静稳态极限，MW。

实际交流系统不允许在静态稳定极限状态下运行，因为在该极限状态下运行，如果系统受到微小扰动可能使运行工况偏离到 $\delta > 90°$，此时送端因送出功率减小，频率上升，而受端则因接收功率减小，频率下降，两端交流系统将会失去同步，甚至导致两系统解裂。即使在 $\delta < 90°$ 状态下运行，当电力系统受到较大扰动时，也可能失去稳定。如采用直流输电系统连接两个交流系统，则不存在两端交流发电机需要同步运行的问题，无须采取提高稳定的措施，有利于远距离大容量输电。

（2）采用直流输电可实现电力系统之间的非同步联网，被联交流电网可以是额定频率不同（如 50、60Hz）的电网，也可以是额定频率相同但非同步运行的电网，被联电网可保持各自的电能质量（如频率、电压）而独立运行，不受联网的影响。直流联网不会明显增大被联交流电网的短路容量，不需要采取更换交流系统断路器或其他限流措施。被联电网之间交换的功率可快速方便地进行控制，有利于运行和管理。

（3）由于直流输电的电流或功率是通过计算机控制系统改变换流器的触发角来实现的，它的响应速度极快，可根据交流系统的要求，快速增加或减少直流输送的有功和换流器的无功，对交流系统的有功和无功平衡起快速调节作用，从而提高交流系统频率和电压的稳定性，提高电能质量和电网运行的可靠性。对于交直流并联运行的输电系统，还可以利用直流的快速控制来阻尼交流系统的低频振荡，提高交流线路的输送能力。在交流系统发生故障时，可通过直流输电系统对直流电流的快速调节，实现对事故系统的紧急支援。

（4）直流输电一般采用双极中性点接地方式，因此直流线路仅需 2 根导线，而三相交流线路则需 3 根导线。假设直流和交流线路的导线截面相等、电流密度也相等、具有相同的对地绝缘水平，则直流线路所能输送的功率和三相导线的交流线路所能输送的有功功率几乎相等。而直流架空线路与交流架空线路相比，直流线路所需导线、绝缘子、金具都比交流线路节省约 1/3，还减轻了杆塔的荷重，节省钢材。由于只有两根导线，还可减少线路走廊的宽度和占地面积。

（5）直流输电线路在稳态运行时没有电容电流，不会像交流长线路那样发生电压异常升高的现象，不需要并联电抗补偿。由于电缆对地电容远比架空线路大得多，用交流进行长距离电缆送电时，电缆芯线需通过大量的电容电流，使得供给负荷电流的能力变得很小，为了提高送电能力，必须沿线装设并联电抗器进行补偿，这样不仅使建设和运行费用增加，对于海底电缆来说，要实现这一措施更是非常困难。因此，对于长距离电缆输电宜采用直流输电。

（6）直流输电可方便地进行分期建设和增容扩建，有利于发挥投资效益。如双极直流输电工程可按极分期建设，先建一个极单极运行，然后再建另一个极。对于换流器采用串、并联接线的换流站，如±800kV每极两个12脉动换流器串联接线，除可按极分期建设外，也可以按换流器分期建设，先建一个换流器，以1/2电压运行，根据电源系统的建设进度，适时建设第二个换流器。对于已运行的直流工程，可以采用与原有换流器串、并联的方式进行增容扩建。

与交流输电技术相比，直流输电技术相对复杂。换流站与交流变电站相比，需增加许多设备，如换流器、交流滤波器、无功补偿装置、平波电抗器、直流滤波器、各种类型的交直流避雷器以及转换直流接线方式用的金属回路和大地回路直流转换开关等。此外，为实现大地作回流电路，还需建设接地极及其引线。

二、直流输电技术的应用

直流输电技术的应用有两种情况：① 采用交流输电在技术上有困难或不可能，而只能采用直流输电的情况，如不同频率（如50、60Hz）电网之间的联网或向不同频率的电网送电；因稳定问题采用交流输电难以实现；远距离电缆送电、采用交流电缆因电容电流太大而无法实现等。② 在技术上采用交、直流输电方式均能实现，但采用直流输电比交流输电具有更好的经济性，对于这种情况则需要对工程的输电方案进行全面的比较和论证，最后根据比较的结果决定。

直流输电技术的应用范围主要有以下5个方面。

1. 远距离大容量输电

远距离大容量输电采用交流还是直流，取决于经济性能的比较。直流输电线路的造价和运行费用均比交流输电低，但换流站的造价和运行费用均比交流变电站的高。因此，对同样的输送容量，只有当输送距离达到某一长度时，换流站多花费的费用才能被直流线路节省的费用所抵消，将这一输电距离称为交、直流输电的等价距离，如图1−1所示。

对于一定的输电功率，当输电距离大于等价距离时，采用直流输电比较经济。等价距离与交流和直流输电线路的造价、交流变电站和直流换流站的造价、交流输电和直流输电系统的损耗和运行费用、损耗的电能价格等一系列经济指标有关。对于不同的国家，上述经济指标各不相同，因此，不可能有一个相同的等价距离。同时，随着科学技术的进步，换流设备的造价会有一定的降低，从而使交、直流输电的等价距离进一步缩短。

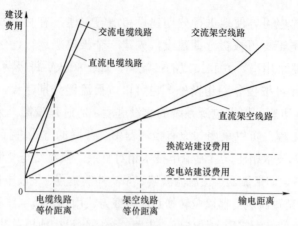

图 1-1　交直流输电建设费用与输电距离的关系图

对于架空线路，目前交直流输电的临界经济输电距离在 500～700km，海底电缆输电的临界经济输电距离则在 50km 左右。

已运行和正在建设的直流工程中远距离大容量直流输电工程约占 1/3 以上，此类工程大多是解决大型水电站或火电厂（煤炭基地的坑口电站）向远方负荷中心的送电问题。例如，巴西的伊泰普直流工程输送总容量为 6300MW，采用两回±600kV，输电距离为 800km；加拿大的纳尔逊河直流工程输送总容量为 4000MW，采用两回±500kV，输电距离为 940km；我国已建的高压直流输电工程如三峡—常州、三峡—上海、三峡—广东、贵州—广东Ⅰ、Ⅱ回工程的输送容量均为 3000MW，采用±500kV，输电距离约为 860～1194km；宁—东直流工程输送容量为 4000MW，采用±660kV，输电距离为 1333km；已建的特高压直流工程如云南—广东、向家坝—上海、锦屏—苏南、哈密南—郑州、溪洛渡左岸—浙江、糯扎渡—广东工程输送容量为 5000～8000MW，采用±800kV，输电距离从 1373～2210km 不等。这种远距离输电工程同时具有异步联网的性质，如三峡向华东以及向广东的送电工程，同时也实现了华中与华东、华中与南方电网的异步联网。而巴西伊泰普直流工程则是从 50Hz 的发电站向 60Hz 的电网送电。

2. 电力系统联网

采用直流输电联网，可以充分发挥联网效益，避免交流联网所存在的问题。直流联网的主要优点如下：

（1）直流联网不要求被联的交流电网同步运行，被联电网可用各自的频率异步独立运行，可保持各个电网自己的电能质量（如频率、电压）而不受联网的影响。

（2）被联电网间交换的功率，可以通过直流输电的控制系统进行快速、方便的控制，而不受被联电网运行条件的影响，便于经营和管理。交流联网时，联络线的功率受两端电网运行情况的影响而很难进行控制。

（3）联网后不会明显增加被联电网的短路容量，不需要考虑因短路容量的增加、断路器遮断容量不够而需要更换或采用限流措施等问题。

（4）可以方便地利用直流输电的快速控制来改善交流电网的运行性能，减少故障时两电网的相互影响，提高电网运行的稳定性，降低大电网大面积停电的概率，提高大电网运行的可靠性。

目前，在工程中所采用的直流联网有以下两种类型：

（1）远距离大容量直流输电同时实现联网。例如前面提到的三峡向华东和广东的直流输电工程，既解决了三峡向华东和广东的送电问题，又同时实现了华中与华东和华中与南方电网的联网，在全国联网中起到了重要的作用。

（2）背靠背直流联网。其特点是整流和逆变单元放在一个背靠背换流站内，分别连接两侧被联交流电网，两个被联电网之间交换功率的大小和方向均由控制系统进行快速控制。它可以比远距离直流输电更为方便地调节换流站的无功功率，改善被联电网的电压稳定性。对于电力系统之间的弱联系，采用背靠背联网更为有利。

背靠背直流联网工程发展较快，在已运行和正在建设的直流工程中约占1/3。例如，北美洲东西部两大电网，长期以来由于稳定问题采用交流联网一直未能实现，20世纪80年代以后先后建成6个背靠背换流站，实现了异步联网。东、西欧电网也通过3个背靠背换流站实现了互联。俄罗斯与芬兰电网通过背靠背换流站实现了联网。印度将通过4个背靠背换流站和数回直流输电线路来完成全国五大电网的异步联网。日本则通过4个背靠背换流站和2回直流输电线路实现全国9大电力公司的联合运行。2005年投运的灵宝背靠背直流联网工程是我国第一个背靠背直流工程，实现了西北与华中电网的互联。2009年投运的高岭背靠背直流联网工程实现了东北与华北电网的互联，背靠背换流站将在全国联网中发挥其重要作用。另外，在我国与周边国家的联网送电工程中，背靠背换流站也将得到应用。例如黑河背靠背直流联网工程实现了俄罗斯电网向我国东北电网的联网送电。

3. 远距离海底电缆送电

采用相同的电压、输送相同的功率，直流电缆的费用比交流电缆要节省得多。直流电缆没有电容电流，输送容量不受距离的限制，而交流电缆由于电容电流很大，其输送距离将受到限制。电缆长度超过 40km 时，采用直流输电无论是经济上还是技术上都较为合理。目前大部分跨海峡的输电工程均采用直流输电，如英法海峡直流工程，采用 2 回±270kV，总输送功率为 2000MW，海底电缆 72km；瑞典—德国波罗的海直流工程，海底电缆 250km，架空线路 12km，单极 450kV，输送功率 600MW；日本纪伊直流工程，海底电缆 51km，架空线路 51km，双极±500kV，输送功率 2800MW；马来西亚的巴坤直流工程，海底电缆 670km，架空线路 660km，3 回±500kV，总输送功率 2130MW。另外，还有不少小型的跨海峡直流工程，如我国的舟山直流工程和嵊泗直流工程等。因此，远距离、大容量跨海峡或向沿海岛屿送电的直流海底电缆工程将越来越多。

4. 大城市地下电缆送电

大城市的工商业发达、人口稠密、用电密度高，并且受到环境条件的限制一般不允许在附近建设大型电站，同时在这些地区选择高压架空线路走廊也很困难。因此采用地下电缆将远处的电力送往大城市的负荷中心，具有较好的技术经济性，是一种有竞争力的方案。在向大城市送电的地下电缆工程中采用直流地下电缆比交流电缆有明显的优点，如英国伦敦的金斯诺斯直流工程，地下电缆长 82km，电压±266kV，输送电力 640MW。随着电压源型直流输电和新型聚合物直流地下电缆的应用，此类工程的造价将逐渐降低，并进一步得到应用和发展。

5. 向孤立负荷点送电

向孤立负荷点送电，一般该负荷点远离主干电网，要求的输送容量不大，但输送距离较远，采用直流输电在技术上和经济上会有一定的优势，特别是采用电压源型直流输电技术。电压源型直流输电是 20 世纪 90 年代开始发展的一种新型直流输电技术。它采用脉宽调制（pulse width modulation，PWM）技术，应用绝缘栅双极型晶体管（IGBT）组成的电压源换流器进行换流。由于这种换流器的功能强、体积小，可减少换流站的设备、简化换流站的结构，国际上又称之为轻型直流输电（HVDC Light）或新型直流输电（HVDC Plus），国内常称之为柔性直流输电，即 HVDC Flexible。它目前主要应用于向孤立的远方小负荷区供电、小型水电站或风力发电站与主干电网的连接、背靠背换流站以及输送功率较小的配电网络。柔性直流输电的建设周期短，换流器控制性能好，在配电网络中有较好的竞争力，并逐渐用于输电工程，截至 2019 年底，已有约 40 个柔性直流输电工程投入商业运行。

三、我国能源概况与直流输电需求

2017 年，我国能源消费总量 44.9 亿 t 标准煤，用于加工转换的消费量约 35 亿 t 标准煤，二次能源产量约 22.2 亿 t 标准煤，转换效率约 63.5%，终端消费一次能源量约 9.8 亿 t 标准煤，约 8.3 亿 t 原煤作为燃料直接用于终端消费，其中约 73%用于工业。

我国能源资源与用能中心呈逆向分布，能源资源主要分布于我国西部和北部地区，用能中心主要分布于我国中东部地区，长期以来能源需要大规模、远距离流动。经过多年建设，我国已建成多个面向全国的综合能源供应基地。清洁能源基地主要有青海清洁能源基地和乌兰察布新能源基地；西南水电基地主要有四川水电基地、云南水电基地和藏东南水电基地；北方综合能源基地主要有新疆综合能源基地、陇彬综合能源基地、呼盟综合能源基地和蒙西综合能源基地。这些能源基地除满足本地用能需求外，相当一部分能源是通过转换为电力的形式，利用高压直流输电技术输送到用能中心。

我国能源资源分布特点决定了我国电力西电东送的基本格局与发展战略。20 世纪 80 年代提出西电东送工程构想，并在 20 世纪 90 年代开始付诸实施，经过 20 多年的发展，西电东送工程显著提高了电力资源在全国范围内的配置效率，促进了东西部地区可持续发展，是解决东部缺电和西部贫困的有效途径之一。对应环渤海经济圈、长三角、珠三角三个经济中心，西电东送目前形成了北、中、南三个通道的基本格局。

（1）西电东送北部通道主要包括两大部分，一是华北电网区域内的山西、蒙西送端向京津冀鲁负荷中心地区送电，二是西北电网向华北电网跨区域送电。此外，东北电网区域内的蒙东地区向辽宁送电也属于西电东送北部通道的一部分。

（2）西电东送中部通道主要包括四川和三峡向华东、华中东四省电网送电。

（3）西电东送南部通道主要包括南方电网区域内的云南和贵州送端向广东、广西负荷中心地区送电。

截至 2015 年底，我国西电东送能力达到 136.79GW，资源跨区优化配置能力大幅提升，具体西电东送电力流见表 1−1。

表 1-1 　　　　　　　　　　2015 年西电东送电力流统计　　　　　单位：×10MW

序号	依托工程	容量	送端	受端	备注
一	北通道	3389			
1	陕西（神木、府谷）	360	陕西	冀南	交流
2	山西（河曲电厂）	90	山西	冀南	交流
3	山西（王曲电厂）	120	山西	北京	交流
4	山西（网对网）	612	山西	北京	交流
5	宁东直流	400	宁夏	山东	直流
6	内蒙古（上都点对网）	372	蒙西	冀北	交流
7	内蒙古（托克托点对网）	480	蒙西	北京、冀北、天津	交流
8	内蒙古（岱海一二期）	240	蒙西	北京	交流
9	内蒙古（蒙西网对网）	395	蒙西	北京	交流
10	内蒙古（京隆电厂）	120	蒙西	北京	交流
11	辽宁（绥中电厂）	200	辽宁	冀北	交流
二	中通道	6628			
1	三峡送江苏（龙政）	300	湖北	江苏	直流
2	三峡送上海（宜华、葛沪）	420	湖北	上海	直流
3	三峡地下电站送出（林枫）	300	湖北	上海、江苏、浙江	直流
4	四川水电（网对网）	315	四川	重庆	交流
5	沅水干流三板溪等电站送电湖南	157	贵州	湖南	交流
6	向家坝至上海	640	四川	上海	直流
7	锦屏送江苏	720	四川	江苏	直流
8	溪洛渡送浙江	800	四川	浙江	直流
9	安徽（皖电东送）一期	758	安徽	上海、江苏、浙江	交流
10	皖电东送二期	596	安徽	上海、浙江	交流
11	山西（交流特高压示范工程）	240	山西	河南、两湖一江	交流
12	山西（阳城电厂）	330	山西	江苏	交流
13	哈郑直流	800	新疆	河南	直流
14	贵州送电湖南、重庆	252	贵州	湖南、重庆	交流
三	南通道	3662			
1	三峡送广东	300	湖北	广东	直流
2	广西龙滩水电站送广东	210	广西	广东	交流
3	天生桥电站送广东、广西	252	贵州	广东、广西	直/交流

续表

序号	依托工程	容量	送端	受端	备注
4	云南交流输电通道送广东	210	云南	广东	交流
5	云广直流送广东	500	云南	广东	直流
6	湖南鲤鱼江电厂送广东	190	湖南	广东	交流
7	贵州火电送广东	800	贵州	广东	直/交流
8	贵州火电送广西	60	贵州	广西	交流
9	溪洛渡电站送广东	640	云南	广东	直流
10	糯扎渡电站送广东	500	云南	广东	直流
合　计		13 679			

根据《电力发展"十三五"规划（2016～2020 年)》,"十三五"期间,我国规划新增西电东送输电能力 130GW,到 2020 年西电东送能力将达 270GW。2016～2019 年,我国新增西电东送电力流规模约 108GW,完成度约 83%,新增西电东送电力流见表 1-2。截至 2019 年底,我国西电东送电力流规模约 244.79GW,其中,北通道为 73.89GW,中通道为 120.28GW,南通道为 50.62GW。各通道电力流规模如图 1-2 所示。

表 1-2　　　　　　　2016～2019 年新增西电东送电力流统计　　　　单位：×10MW

序号	依托工程	容量	送端	受端	备注
一	北通道	4000	—	—	—
1	锡盟—山东 1000kV 特高压交流输电工程	800	蒙西	山东	交流
2	蒙西—天津南 1000kV 特高压交流输电工程	600	蒙西	京津冀	交流
3	榆横—潍坊 1000kV 特高压交流输电工程	600	陕西	山东	交流
4	上海庙—山东±800kV 特高压 直流输电工程	1000	蒙西	山东	直流
5	扎鲁特—青州±800kV 特高压 直流输电工程	1000	东北	山东	直流
二	中通道	5400	—	—	—
1	淮南—南京—上海 1000kV 特高压交流输电工程	600	安徽	上海	交流

续表

序号	依托工程	容量	送端	受端	备注
2	宁东—浙江±800kV 特高压直流输电工程	800	宁夏	浙江	直流
3	锡盟—泰州±800kV 特高压直流输电工程	1000	蒙西	江苏	直流
4	山西—江苏±800kV 特高压直流输电工程	800	山西	江苏	直流
5	酒泉—湖南±800kV 特高压直流输电工程	800	甘肃	湖南	直流
6	川渝第三条 500kV 交流输电工程	200	四川	重庆	交流
7	准东—安徽±1100kV 特高压直流输电工程	1200	新疆	安徽	直流
三	南通道	1400	—	—	—
1	金中—广西±500kV 直流输电工程	300	云南	广西	直流
2	永仁—富宁±500kV 直流输电工程	300	云南	广西	直流
3	鲁西背靠背直流工程	300			
4	滇西北—广东±800kV 直流输电工程	500	云南	广东	直流
	合计	6000	—	—	—

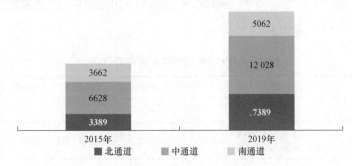

图 1-2　2015 年及 2019 年西电东送规模（×10MW）

　　在西电东送工程的实施过程中，直流输电一直占据着非常重要的地位。2015年和2019年整个西电东送规模中交直流占比如图1-3所示，直流输电占西电东送输电规模的比重均超过50%，2019年达到65%。在建重点输电工程中渝鄂直流背靠背联网工程、张北可再生能源柔性直流电网示范工程、乌东德电站送电广东广西特高压多端直流示范工程、青海—河南特高压直流输电工程、雅中送电华中特高压直流输电工程、在西电东送新增工程中占主导地位。同时，部分正在论证的大型电源基地输电通道，如白鹤滩电站外送特高压直流输电通道、金沙江上游电站外送特高压直流输电通道，也均是以直流输电方式为主。

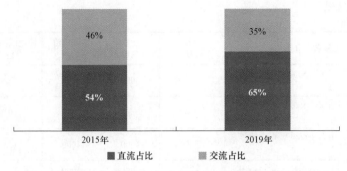

图 1-3 2015 年及 2019 年整个西电东送规模中交直流占比

截至 2020 年 7 月，我国已有 21 个高压直流输电工程（含背靠背直流工程）、14 个特高压直流输电工程、5 个柔性直流工程建成并投入运行，这些工程主要参数见表 1-3。在建的 5 条直流输电工程主要参数见表 1-4。

表 1-3 我国已建成的直流输电工程（截至 2020 年 7 月）

序号	工程名称（简称）	电压（kV）	功率（MW）	直流电流（A）	输电线路长度（km）	投运年份
1	葛洲坝—南桥±500kV 直流输电工程（葛—南）	±500	1200	1200	1045	1990
2	天生桥—广州±500kV 直流输电工程（天—广）	±500	1800	1800	960	2001
3	三峡—常州±500kV 直流输电工程（三—常）	±500	3000	3000	860	2003
4	三峡—广东±500kV 直流输电工程（三—广）	±500	3000	3000	960	2004
5	贵州—广东第一回±500kV 直流输电工程（贵—广Ⅰ）	±500	3000	3000	936	2004
6	三峡—上海±500kV 直流输电工程（三—沪）	±500	3000	3000	1040	2006
7	贵州—广东第二回±500kV 直流输电工程（贵—广Ⅱ）	±500	3000	3000	1194	2007
8	宝鸡—德阳±500kV 直流输电工程（宝—德）	±500	3000	3000	534	2010
9	呼伦贝尔—辽宁±500kV 直流输电工程（呼—辽）	±500	3000	3000	908	2010
10	荆门—枫泾±500kV 直流输电工程（荆—枫）	±500	3000	3000	1019	2011
11	溪洛渡右岸—广东±500kV 同塔双回直流输电工程 牛寨—从西（牛—从）	±500	2×3200	3200	2×1223	2014
12	云南金沙江中游电站送电广西直流输电工程（金—中）	±500	3200	3200	1119	2016

续表

序号	工程名称（简称）		电压 （kV）	功率 （MW）	直流电流 （A）	输电线路长度 （km）	投运 年份
13	永仁—富宁±500kV 直流输电工程（永—富）		±500	3000	3000	569	2016
14	青海—西藏±400kV 直流输电工程（青—藏）		±400	600	750	1038	2011
15	宁东—山东±660kV 直流输电示范工程（宁—东）		±660	4000	4000	1333	2011
16	灵宝背靠背直流联网工程（灵宝）	一期	120	360	3000	—	2005
		二期	±166.7	750	4500	—	2009
17	高岭背靠背直流联网工程（高岭）	一期	±125	2×750	3000	—	2008
		二期	±125	2×750	3000	—	2012
18	黑河背靠背直流联网工程（黑河）		±125	750	3000	—	2012
19	鲁西背靠背直流异步联网工程（鲁西）		±160（常规） ±350（柔直）	1000（常规） 1000（柔直）	3125（常规） 1428（柔直）		2016
20	鲁西背靠背直流扩建工程		±160	1000	3125	—	2017
21	云贵互联通道工程（两端改三端直流工程）		±500	3000	3000	389	2020
22	云南—广东±800kV 特高压直流输电工程（云—广）		±800	5000	3125	1373	2010
23	向家坝—上海±800kV 特高压直流输电工程（向—上）		±800	6400	4000	1907	2010
24	锦屏—苏南±800kV 特高压直流输电工程（锦—苏）		±800	7200	4500	2059	2012
25	哈密南—郑州±800kV 特高压直流输电工程（哈—郑）		±800	8000	5000	2210	2014
26	溪洛渡左岸—浙江±800kV 特高压直流输电工程（溪—浙）		±800	8000	5000	1653	2014
27	糯扎渡—广东±800kV 特高压直流输电工程（普—侨）		±800	5000	3125	1413	2014
28	灵州—绍兴±800kV 特高压直流输电工程（灵—绍）		±800	8000	5000	1720	2016
29	酒泉—湖南±800kV 特高压直流输电工程（酒—湖）		±800	8000	5000	2383	2017
30	晋北—江苏±800kV 特高压直流输电工程（晋—江）		±800	8000	5000	1111	2017
31	锡盟—泰州±800kV 特高压直流输电工程（锡—泰）		±800	10 000	6250	1619	2017
32	扎鲁特—青州±800kV 特高压直流输电工程		±800	10 000	6250	1200	2017
33	滇西北—广东±800kV 特高压直流输电工程		±800	5000	3125	1959	2018

序号	工程名称（简称）	电压 （kV）	功率 （MW）	直流电流 （A）	输电线路长度 （km）	投运 年份
34	上海庙—临沂±800kV 特高压直流输电工程	±800	10 000	6250	1238	2017
35	准东—华东±1100kV 特高压直流输电工程（吉—泉）	±1100	12 000	5455	3319	2019
36	南澳±160kV 多端柔性直流输电示范工程	±160	青澳站 50 金牛站 100 塑城站 200	青澳站 156.25 金牛站 312.5 塑城站 625	架空线 12.5 埋地电缆 30 架空电缆 13.6	2013
37	舟山±200kV 五端柔性直流输电科技示范工程	±200	定海站 400 岱山站 300 衢山站 100 洋山站 100 泗礁站 100	定海站 1000 岱山站 750 衢山站 250 洋山站 250 泗礁站 250	141.5 （海底电缆 129，交流线路 12.5）	2014
38	厦门±320kV 柔性直流输电科技示范工程	±320	1000	1563	陆缆 10.7	2015
39	渝鄂直流背靠背联网工程（渝鄂）	±420kV	2×2×1250	1488	—	2019
40	张北可再生能源柔性直流电网示范工程（张北）	±500kV	3000	3000	666	2020

表 1-4　我国正在建设的直流输电工程主要参数（截至 2020 年 7 月）

序号	工程名称(简称)	电压 （kV）	功率 （MW）	直流电流 （A）	输电线路 设计长度 （km）	投运年份
1	青海—河南±800kV 特高压直流输电工程	±800kV	8000	5000	1587	2020
2	乌东德电站送电广东广西特高压多端直流示范工程	±800kV	昆北站 8000 柳北站 3000 龙门站 5000	昆北站 5000 柳北站 1875 龙门站 3125	1489	2021
3	陕北—湖北±800kV 特高压直流输电工程	±800kV	8000	5000	1136	2021
4	雅中—江西±800 千伏特高压直流输电工程	±800kV	8000	5000	1711	2021
5	江苏如东海上风电场柔性直流输电工程	±400kV	1100	1375	108	2021

　　未来，随着藏东南等偏远能源基地的开发，我国电源基地也将进一步西移，西电东送距离将进一步加大，输电走廊资源也十分紧张。为保证我国电力供应安全和高效利用西部清洁能源，高压直流输电技术将会发挥越来越重要的作用。

第三节　直流输电低碳技术研究的意义和方法

一、研究意义

　　未来的十余年是我国现代化建设承上启下的关键阶段，我国经济总量将持续扩大，人民生活水平和质量全面提高，能源保障生态文明建设、社会进步和谐、人民幸福安康的作用更加显著，我国能源发展将进入从总量扩张向提质增效转变的新阶段。绿色低碳已经成为能源发展的主要方向。

　　发展低碳经济，一方面是积极承担环境保护责任，完成国家节能降耗指标的要求；另一方面是调整经济结构，提高能源利用效益，发展新兴工业，建设生态新文明的需要。低碳经济的发展模式，为节能减排、发展循环经济、构建和谐社会提供了操作性诠释，是落实科学发展观、建设节约型社会的综合创新与实践，是实现中国经济可持续发展的必由之路。同时，发展低碳经济有利于全面增强我国在国际能源领域的影响力，积极主动应对全球气候变化，彰显负责任大国的形象。

　　从中国能源结构看，当前的二氧化碳排放主要源自能源部分，尤其是电力行业，目前电力行业排放的二氧化碳约占全国排放总量的 50%，既是碳排放的重要领域，也是碳减排的关键领域。电力供应链主要包括发电企业、电网企业（输配售）和广大电力用户，其中发电企业是电力生产者，直接决定碳排放量的多少；电网企业是电力供应链的核心企业，服务发电企业和广大用户，发挥着优化整条供应链、促进电力供应链低碳化的重要作用；用户位于电力供应链的末端，在促进电力供应链低碳化中发挥不可或缺的作用。因此电力行业是二氧化碳减排的主战场，实现低碳电力是实现我国低碳能源的重要基础，进而也是我国低碳经济的实施与发展的基本保证；发展低碳电力是应对国际压力，确保完成国家二氧化碳减排的重要途径；发展低碳电力，也是实现电力系统可持续发展的重要途径。

　　低碳电力涵盖发电、输电、配电和用电的各个领域。从发电侧看，主要低碳技术为高效发电技术、清洁发电技术、可再生能源发电技术、核能发电技术；输电侧的低碳技术主要为高可靠性低损耗的输电技术；配电侧主要包括以智能微电网（配电网）为代表的低碳用电技术。

目前包括中国在内的美国、日本、韩国、澳大利亚及欧洲等世界许多国家都提出了建设高效、智能电网的计划或设想，以促进电力工业节能减排和可持续发展。对输电企业而言，采用高压直流输电技术，能够将大规模的清洁能源远距离输送至负荷中心，不仅在解决我国能源资源分布和消费地域不均衡的问题中起到了主要作用，同时也是实现电力系统节能减排的重要途径。综合我国西电东送的输电方式和构成，直流输电在电网能源资源优化配置、清洁水电消纳和绿色低碳发展中发挥着重要的作用。

直流输电技术在电力输送方面的低碳效益主要体现在降低输电损耗、输送清洁能源实现节能减排以及节约输电走廊节省占地两个方面。通过对南方电网西电东送已经投运和在建的 10 个直流输电工程同同容量交流输电工程比较，采用直流输电每年可减少网损电量 59.9 亿 kWh，降损效益显著；2019 年，南方电网西电东送直流输电通道共输送清洁水电 1325 亿 kWh，相当于节省标煤 4134 万 t，减少受端二氧化碳排放 10 957 万 t、二氧化硫排放 11.8 万 t。西电东送战略是电网公司积极践行央企社会责任，立足国情和电网企业实际，部署实施绿色发展战略，大力推进自身、产业和社会的绿色发展，积极应对气候变化，推进电力行业节能减排工作，促进低碳经济发展的重要贡献。

二、研究方法

电网是连接发电侧和用电侧的重要枢纽，是构建电力低碳供应链的重要环节。因此，电网企业减排途径分为两个方面：一方面是电网企业自身实现的直接减排效益，是指通过实施降低线损等措施进行直接减排；另一方面是发挥电网作为电能输送和能源资源优化配置等平台功能，通过与发电企业及广大用户在供应链上下进行碳减排的合作实现的间接减排效益，包括提升清洁能源消纳能力、分布式能源发展等。

低碳电网结构与运行是电网企业面对低碳电力的应对策略之一。

远距离大容量直流输电具有损耗低、造价低、节约走廊资源等多种优势，是实现低碳电网建设与运行的重要技术。其低碳技术研究框架及研究方法分别如图 1-4 和图 1-5 所示。

图 1-4 根据直流输电系统规划建设的拓扑结构，确定了直流低碳技术研究的基本框架，涵盖输电方式规划、换流站设计、直流输电线路设计、接地极设计四个方面，内容主要涉及设计、设备选型和制造、材料选择以及环保和减排等内容。

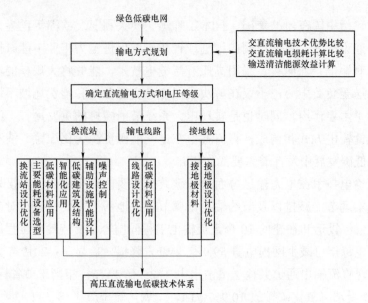

图 1-4　直流低碳技术研究框架

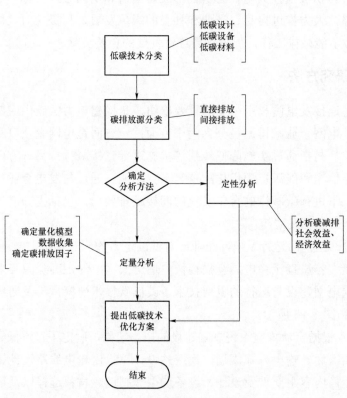

图 1-5　直流低碳技术研究方法

图 1–5 表明，直流低碳技术应从低碳设计、设备和材料三方面出发，通过对其节能、节地、节水、节材的定性与定量分析，提出相应的低碳技术。

第四节　直流输电低碳技术应用的内容

电力工程建设一般包括前期系统规划、设计、施工、调试投运等几个阶段，低碳电力贯彻于电力工程建设的全过程，主要从规划、设计、设备、材料、建造、运营等几方面体现低碳技术的应用。高压直流输电工程作为电力工程的输电部分，其低碳技术理应体现上述几方面的应用，考虑到建造和运营方面的低碳内容在《500kV 电网低碳技术体系》一书中有所体现，本书低碳技术的应用只针对规划、设计、设备、材料等方面，即只从系统规划和设计（含设备和材料）两方面来介绍高压直流输电低碳技术应用的内容。

高压直流输电系统规划的低碳技术主要体现在不同输电方式如何降低损耗以达到低碳的目的。

高压直流输电的设计包括换流站设计、直流线路设计、接地极设计等，而各部分的设计通常包括设计方案的确定和优化、设备选型、材料选择等内容，本书按照换流站、线路、接地极三部分，分别以节能、节地、节水、节材为主线，将设计、设备、材料中有关低碳技术的内容融入相关章节中；同时为了完整性，将高压直流输电工程中的环境保护与减排独立成章。

系统规划低碳技术应的内容是通过确定合理的输电方案、电压等级及输电容量、系统接线方案、导线截面选择、换流站接入系统方案和优化的无功配置方案等，提升直流输电工程的低碳效益。

换流站低碳技术应用的内容主要是通过设计优化、设备合理选型、低碳材料及低碳建筑的应用以实现换流站节能；通过优化电气总平面及站区布置和站区的优化布置实现换流站节地；通过生产、生活和消防用水的优化设计和节水设备选型，水资源综合利用等实现换流站节水；通过新型建筑材料、装配式建构筑物应用，光缆应用、电缆敷设优化和接地设计优化实现换流站节材。

线路低碳技术应用的内容包括优化线路路径、压缩走廊宽度、优化基础和杆塔设计；导线、金具、绝缘子、接地等电气材料和高强钢、高强地脚螺栓等低碳结构材料的选择。

接地极低碳技术应用的内容主要包括选择最优设计方案，尽量减小极址占地，充分论证馈电棒材料以及电极填充材料等接地极电极主要材料的特性，减少接地极用材。

环境保护与减排章节提出了直流工程电磁环境、噪声控制、水土保持、废水排放控制措施，以满足生态文明建设需求。

第 二 章

高压直流输电系统规划低碳技术

第一节 技 术 简 介

高压直流输电工程在系统规划阶段需要进行输电方式选择，直流输电容量及输电电压等级选择，直流工程起、落点选择，送、受端换流站接入系统方案，输电线路导线截面选择等方面的研究论证工作。

电网运行的安全性和可靠性是系统规划设计过程中需要重点考虑的因素。直流输电能有效避免或减轻电网间的互相干扰，减少电网大面积停电事故风险，提高电网运行的安全性和可靠性。直流输电系统自身特殊结构也使得其具有较高的可靠性；对于双极直流输电系统，当发生一极换流器故障或一回直流线路故障时，不会影响另一极的运行；对于采用每极双 12 脉动换流器的直流输电系统，当一个换流器故障时，不会导致整个单极停运。在系统规划中主要将直流输电技术应用于远距离大容量电力输送、海底电缆送电、非同步电网互联和区域电网互联上。在我国电力系统发展过程中，直流输电技术为全国范围内能源资源优化配置提供了技术支撑，极大地促进了西电东送的发展。

我国的直流输电技术由低电压等级向高电压等级、由小容量向大容量不断发展，国内已建成直流输电工程超过 30 个，直流输电工程总容量超过 100GWh，已建成的直流工程中最高直流电压等级达到 ±800kV，最大直流输电容量达到 10 000MW。在建的直流工程中最高直流电压等级达到 ±1100kV，最大直流输电容量达到 12 000MW。

直流输电在我国电力系统发展中发挥着重要作用，直流输电工程的规划和建设也仍将是今后一段时间内我国电网发展的重要任务，在规划阶段充分考虑直流输电低碳技术对于实现电力系统的绿色低碳发展十分重要，也是整个直流系统低碳技术的基础。

直流输电系统规划的低碳技术贯穿于输电方式选择及直流输电工程的系统方案设计中，在直流输电工程的系统方案设计中，合理的电压等级及输电容量选择、合理的直流输电系统构成方案、适当的导线截面选择、合理的换流站接入系统方案、优化的无功配置方案等，均有利于提升直流输电工程的低碳效益，其低碳效益可以从降损效益获得较好的反映。本章将从交、直流输电方式和直流输电方案两个方面分析高压直流输电系统的低碳效益，以期为未来绿色低碳电网的规划研究工作提供参考。

第二节 交、直流输电方式低碳效益分析

在交、直流输电技术的比选过程中，不同输电方式的损耗差异对技术经济比选的影响较大。本节将对直流输电和同等能力交流输电在远距离、大容量电力输送上的输电损耗差值进行对比计算和分析，通过输电损耗差值说明采用直流输电方式相对于交流输电的降损效益。

一、交、直流输电方式选择

远距离大容量输电采用交流还是直流，取决于技术经济的综合比较考虑。与交流输电相比，直流输电系统运行灵活，可实现异步联网，不存在交流输电固有的稳定问题，且利用直流输电的快速控制调节功能，能有效地提高交流系统的稳定性，有利于远距离大容量输电。虽然直流输电系统的换流装置造价较高，但直流线路造价低，在输送距离较远时，仍以直流输电方式更为经济。

从电网发展来看，在跨区域资源配置的电网建设中，交流输电未来的主要作用将是保障电网运行安全和提升电网受电能力；直流输电主要用于大规模、远距离电力输送。

二、降损效益分析方法

在远距离、大容量电力输送方面，直流输电较同等能力交流输电损耗小、低碳效益好。为说明直流输电技术的低碳效益，本节对直流输电技术相对于交流输电的降损效益进行分析，比较直流输电方式与同等能力的交流输电方式的最大输电损耗差值。

先确定同等能力的交流输电方式，然后对直流输电系统和交流输电系统进行理论损耗计算，引入网损减少系数，即两种输电方式的理论损耗差值与直流输电系统理论损耗的比值，最后通过直流输电系统实际网损量乘以网损减少系数得到该直流输电工程的网损减少量。网损减少量采用式（2-1）进行计算。

$$ER=(E_{\text{dcs}} - E_{\text{dce}}) \times \varphi \qquad (2-1)$$

式中　ER——直流输电工程的网损减少量，MWh；

　　　E_{dcs}——直流输电工程实际送电端供电量，MWh；

　　　E_{dce}——受电端接收电量，MWh；

　　　φ——网损减少系数。

E_{dcs}、E_{dce} 均可实际测量得到，φ由式（2-2）计算得到。

$$\varphi=(L_{\text{ac}} - L_{\text{dc}})/L_{\text{dc}} \qquad (2-2)$$

式中　L_{ac}——交流输电工程的理论损耗电量，MWh；

　　　L_{dc}——直流输电工程的理论损耗电量，MWh。

由式（2-2）可以看出，要计算出网损减少量，最关键的是计算出交流输电电量损耗理论值 L_{ac} 和直流输电电量损耗理论值 L_{dc}。

交流输电的输电损耗主要包括输电线电阻损耗、电晕损耗、开关站损耗及变压器损耗。直流输电的输电损耗主要包括输电线电阻损耗、电晕损耗、换流站损耗及变压器损耗。考虑到两种输电方式下变压器的损耗是相等的，因此，在电量损耗计算中都忽略变压器的损耗，只计入其余部分的损耗。

交流输电的电量损耗计算如式（2-3）~式（2-6）所示为

$$L_{\text{ac}} = \sum LR_{\text{ac},i} + LC_{\text{ac}} + LS_{\text{ac}} \qquad (2-3)$$

$$LR_{\text{ac},i} = 3 \times R_{\text{ac}} \times l \times (I_{\text{ac}} \times W_{\text{ac},i})^2 \times t_{\text{ac}} \times K_{\text{ac}} \qquad (2-4)$$

$$LC_{\text{ac}} = F_{\text{ac}} \times l \times T_{\text{ac}} \times K_{\text{ac}} \qquad (2-5)$$

$$LS_{\text{ac}} = Z_{\text{ac}} \times T_{\text{ac}} \times S_{\text{ac}} \qquad (2-6)$$

式中　$LR_{\text{ac},i}$——第 i 个计量时段的电阻损耗值，MWh；

　　　LC_{ac}——交流输电的电晕损耗值，MWh；

　　　LS_{ac}——开关站损耗值，MWh；

　　　R_{ac}——交流线路单位长度的正序电阻理论值，Ω；

　　　l——送端与受端之间的距离，km；

　　　I_{ac}——每回线路的额定电流，kA；

t_{ac} ——送电曲线各计量时段的时间间隔，h；

$W_{ac,i}$ ——送电曲线第 i 个计量时段换流变有功比例；

K_{ac} ——交流线路回路数；

F_{ac} ——交流线路单位长度电晕损耗值，MW；

T_{ac} ——交流线路年利用小时数，h；

Z_{ac} ——交流线路开关站单位运行时间内的损耗，MW；

S_{ac} ——开关站的个数。

直流输电的电量损耗计算如式（2-7）～式（2-10）所示为

$$L_{dc} = \sum LR_{dc,i} + LC_{dc} + \sum LH_{dc,i} \qquad (2-7)$$

$$LR_{dc,i} = 2 \times R_{dc} \times l \times (I_{dc} \times W_{dc,i})^2 \times t_{dc} \qquad (2-8)$$

$$LC_{dc} = F_{dc} \times l \times T_{dc} \times 2 \qquad (2-9)$$

$$LH_{dc,i} = C_{dc} \times W_{dc,i} \qquad (2-10)$$

式中　　$LR_{dc,i}$ ——第 i 个计量时段电阻损耗值，MWh；

LC_{dc} ——直流输电的电晕损耗值，MWh；

$LH_{dc,i}$ ——第 i 个计量时段换流站损耗值，MWh；

R_{dc} ——直流线路单位长度电阻值，Ω；

l ——送端与受端之间的距离，km；

I_{dc} ——每回线路的额定电流，kA；

t_{dc} ——送电曲线各计量时段的时间间隔，h；

$W_{dc,i}$ ——送电曲线第 i 个计量时段换流变有功比例；

F_{dc} ——直流线路单位长度电晕损耗值，MW；

T_{dc} ——直流线路年利用小时数，h；

C_{dc} ——直流换流站额定功率下单位运行时间内的损耗值，MW。

三、降损效益分析示例

直流输电系统的输电损耗包括换流站损耗、直流线路损耗和接地极系统损耗，一般两端换流站总损耗值为输送功率的 1.5%左右，直流线路损耗则随着输送功率大小、输送距离长度的不同而不同，接地极系统损耗通常很小，可以忽略不计。综合来看，与采用交流输电方式相比，直流输电系统在远距离、大容量电力输送上产生的输电损耗更低一些。为分析直流输电系统的降损效益，以±800kV、5000MW、长度 1928km 某特高压直流输电工程为例，采用输电损耗效益分析方法，比较直流输电方式与同等能力的交流输电方式的最大输电损耗差值。

1. 输电方式

选取同等能力的交流输电方式。为方便比较，交流输电回路数及导线截面按照满足 $N-1$ 原则考虑，导线截面按经济电流密度 $1A/mm^2$ 左右选择。根据这一原则，对应 $\pm800kV$、5000MW 的直流输电工程，相应交流输电方式考虑采用 5 回 500kV 线路输电，导线截面 $4\times400mm^2$。

2. 网损减少系数

根据采集到的直流送电数据，计算交、直流输电理论损耗值以及网损减少系数，结果如表 2-1 所示。直流输电理论损耗较交流输电每年可减少 1210GWh，网损减少系数达到 128.5%。

表 2-1　　　　　直流输电工程的网损减少系数　　　　　单位：GWh

交流输电理论损耗值	直流输电理论损耗值	网损减少系数
2150	940	128.5%

3. 网损减少量

按照网损减少量计算方法对直流输电工程进行计算，结果如表 2-2 所示。直流输电较交流输电每年可减少网损电量 1520GWh，降损效益显著。

表 2-2　　　　　直流输电工程网损减少量　　　　　单位：GWh

送端电量	受端电量	实际网损电量	网损减少量
20 000	18 820	1180	1520

4. 能耗水平测算

由交、直流输电损耗值，进一步分析直流工程的输电能耗水平，结果如表 2-3 所示，其中能耗水平折算为标准煤的当量值。由表可以看出，直流输电较交流输电能耗水平降低 7.4g/kWh，具有较好的节能效益。

根据研究，在直流工程电压等级相同时，输电距离较长的直流工程能耗水平较高；在输送距离相同时，高电压等级直流工程的能耗水平低于低电压等级直流工程。

表 2-3　　　　直流输电工程的能耗水平（折算为标煤耗）

输送电量 （GWh）	交流输电能耗水平 （g/kWh）	直流输电能耗水平 （g/kWh）	能耗降低水平 （g/kWh）
20 000	13.2	5.8	7.4

5. 输电降损效益与输送距离的关系

当直流输电工程的电压等级和输送容量一定时，通过调整直流输送距离，来研究直流输电降网损效益与输送距离的关系，结果如表 2-4 所示。研究结果表明：基于前述研究方法及基础数据，±500kV、3000MW 直流输电工程的低碳效益距离为 500km 以上；±800kV、5000MW 直流输电工程的低碳效益距离为 900km 以上。

表 2-4   直流输电降损效益与输送距离的关系表

项目名称	输送距离 （km）	网损减少量 （GWh）
±500kV、3000MW 直流	300	-840
	400	-350
	500	20
	600	310
±800kV、5000MW 直流	700	-1580
	800	-670
	900	250
	1000	1170

第三节　直流输电系统方案设计低碳效益分析

本节主要从直流输电工程的系统方案设计层面分析需关注的低碳效益问题，包括电压等级及输电容量选择、直流输电系统构成方案、导线截面选择、换流站接入系统方案、无功配置方案等方面。

一、电压等级及输电容量选择

受系统需求的约束，现有不同电压等级的直流输电技术在不同的系统条件下都会有着与其相对应的容量适用范围，输电距离对输电电压等级的选取也会产生影响，一般较低电压等级的直流工程主要适用于较低输电容量、较近输电距离，较高电压等级的直流工程主要适用于较大输电容量、较远输电距离。在输电容量需求较大的情况下，存在一个大容量直流和多个小容量直流的方案比选，大容量直流往往伴随着更高的电压等级，整体输电损耗更低，且可减少对输电走廊的占用，节约土地资源。因此，在输电规模较大时，宜优先考虑特高压、大容量直流输电技术，该技术也具有更优的低碳效益。

随着我国更大范围内资源优化配置的需要，特高压、大容量直流输电技术将在我国电网发展中越来越受到关注。为分析特高压、大容量直流输电技术的低碳效益，以实际投运的±500kV 呼伦贝尔—辽宁直流输电工程、±660kV 宁东—山东直流输电工程、±800kV 向家坝—上海直流输电工程为例，表 2-5 给出了各工程的技术参数及实际输电功率损耗统计情况，为便于比较，将功率损耗率折算至 1000km 线路长度上考虑。

表 2-5 实际直流输电工程功率损耗率情况

工程名称	呼伦贝尔—辽宁 直流输电工程	宁东—山东 直流输电工程	向家坝—上海 直流输电工程
电压等级（kV）	±500	±660	±800
额定容量（MW）	3000	4000	6400
线路长度（km）	908	1335	1891
导线截面积（mm²）	4×720	4×1000	6×720
工程功率总损耗率统计值	7.42%	5.95%	7.98%
1. 换流站	1.40%	1.37%	1.36%
2. 直流线路	6.02%	4.58%	6.62%
单位长度功率损耗率 （折算为1000km 线路）	8.03%	4.80%	4.86%

根据统计结果，若考虑相同的输电距离，采用特高压、大容量直流输电技术的±800kV 向家坝—上海直流输电工程的输电损耗率仅为±500kV 呼伦贝尔—辽宁直流输电工程的 60%，降损效益明显；其与±660kV 宁东—山东直流输电工程的输电损耗率相当，主要是由于宁东直流选择了大截面导线，提升了其降损效益。

为单独分析输电电压等级的提高带来的降损效益，以相同规模（3000MW）、相同输电距离（1000km）的直流输电方案为例，忽略差异不大的换流站损耗率，对不同电压等级的直流输电线路功率损耗率进行计算比较，结果如表 2-6 所示。

表2-6　不同电压等级、相同规模直流输电线路功率损耗率（1000km）

电压等级（kV）	±500	±660	±800
输电容量（MW）	3000	3000	3000
导线截面（mm²）	4×720	4×720	6×630
1000km 线路损耗率	6.63%	3.75%	1.8%

可见，对于相同输电容量，随着采用电压等级的升高，直流工程单位长度线路损耗率降低明显，±800kV 直流工程的输电线路损耗率仅为±500kV 直流工程的 27%。但高电压等级匹配较小的输电规模可能使得整体输电方案的经济性较差，需综合考虑电压等级和输电规模的选择。

为分析直流输电规模对于降损效益的影响，选取典型的特高压、大容量直流工程和普通高压直流输电工程，比较各直流工程单位长度线路（每1000km）的功率损耗率，结果如表 2-7 所示。

表2-7　不同电压等级、不同规模直流输电线路损耗率（1000km）

电压等级（kV）	输送容量（MW）	导线截面（mm²）	1000km 线路损耗率（%）
±500	1800	4×400	6.895
	3000	4×720	6.631
	3200	4×900	4.815
±800	5000	6×630	3.525
	6400	6×720	3.501
	8000	6×1000	3.134
	10 000	8×1250	2.606

由表可见，对应于不同输电容量，大容量直流输电伴随着更高的电压等级，在同一电压等级上，输电容量越大，选择的导线截面也越大，可获得更低的单位长度线路损耗率。

综合以上分析，特高压、大容量直流输电技术在降损方面具有更大的优势，低碳效益较好。

二、直流输电系统构成方案

随着技术水平的进步及输电需求的多样化，直流输电系统的构成由两端直流输电技术扩展到了多端直流输电技术，这两种输电系统构成方案在输电损耗上也体现出了差异。

多端直流输电系统是由多个（3 个及以上）换流站及其相互连接的各直流输

电线路所组成的直流输电系统。与两端直流系统相比，在下列应用场合下，多端直流系统更加经济，运行更为灵活：

（1）从能源基地输送大量电力到远方的几个负荷中心。

（2）直流线路中途分支接入电源或负荷。

（3）几个孤立的交流系统用直流线路实现非同期联网。

（4）对大城市或工业中心供电，因受架空线路走廊限制而必须用电缆或因短路容量限制而不宜采用交流输电时，利用直流输电向这些地方的若干换流站供电。

多端直流输电技术可实现多个送端和多个受端间的远距离大容量输电，一般在技术经济上优于建设多条直流的方式，还可节省输电走廊。国内在建的乌东德电站送电广东广西特高压多端直流示范工程是世界上容量最大的特高压多端直流输电工程、首个特高压多端混合直流工程、首个特高压柔性直流换流站工程、首个具备架空线路直流故障自清除能力的柔性直流输电工程。工程拟建设±800kV 特高压三端直流，输送容量 8000MW，向广东送电 5000MW，向广西送电 3000MW，送端为采用常规直流技术，受端采用柔性直流技术。工程计划于 2020 年投产送电，2021 年全部建成投产。

以乌东德电站送电广东广西直流工程的方案论证为例，计算分析多端直流输电技术相对于两端直流输电技术的低碳效益。根据输电容量及落点地区，可考虑两回两端直流和多端直流两种直流输电方案，具体方案如下：

两端直流方案：建设两个常规两端直流，建设云南—广东一回±800kV/5000MW 直流，线路长度约 1489km，直流导线截面采用 $6 \times 720mm^2$；建设云南—广西一回±500kV/3000MW 直流，线路长度约 932km，直流导线截面采用 $4 \times 720mm^2$。两回直流线路独立架设。

多端直流方案：建设一回多端直流，送端云南±800kV/8000MW、受端广东±800kV/5000MW、受端广西±800kV/3000MW。云南—广西段直流线路长度约 932km，导线截面采用 $8 \times 900mm^2$；广西—广东线路长度约 557km，导线截面采用 $6 \times 720mm^2$。从可靠性和运行灵活性角度，多端直流接线方式为云南侧每极采用双 12 脉动阀组串联，受端广东侧、广西侧并联，可考虑每极单个或双 12 脉动阀组串联。

表 2-8 给出了两种直流输电方案线路功率损耗值，其中功率损耗包括导线电阻损耗和电晕损耗。由表可知，两端直流方案由于电压等级低、导线截面小、线路长度长，输送相同容量时其线路功率损耗高于多端直流方案，高约 94.2MW。

表 2-8 两种直流输电方案线路功率损耗

输电方案	电压等级 （kV）	输送容量 （MW）	导线截面积 （mm²）	线路长度 （km）	电阻损耗 （MW）	电晕损耗 （MW）	功率损耗 （MW）
两端直流 方案	±500	3000	4×720	932	168.3	2.5	170.9
	±800	5000	6×720	1489	194.6	12.6	207.2
多端直流 方案	±800	8000	8×900	932	201.8	4.6	206.4
	±800	5000	6×720	557	72.8	4.7	77.5

一般两端换流站总损耗值为输送功率的 1.5%左右，两端直流方案需要建设两个两端换流站，共四个换流站，其总损耗值约 120MW。多端直流方案共需建设三个换流站，送端换流站容量较大，经工程测算，乌东德直流输电工程的多端直流方案换流站总损耗值约 128MW。由于输送容量相同，单个换流站损耗占输送功率的比例基本相当，所以两种直流输电方案换流站总损耗值也基本相当。

综合直流线路损耗和换流站损耗，多端直流输电方案由于直流线路损耗较小，整体输电损耗低于两端直流输电方案，其低碳效益较好。

三、导线截面选择

直流输电工程的损耗主要由换流站损耗和输电线路损耗构成，换流站的功率损耗率相对变化较小，输电线路损耗则随着导线截面的不同会有较大的不同。直流输电线路的输电损耗主要包括两部分：① 与电流相关，主要是流过线路的直流电流在直流线路电阻上产生的损耗，称为电阻损耗；② 与电压相关，主要是电晕放电时导线周围空气中的电荷在电场中的移动和发光将引起功率消耗，称为电晕损耗。在直流输电线路导线选择时，应充分考虑输电损耗的影响，采用大截面导线能获得更好的降损效益。

以一建设规模±800kV、8000MW，输电距离 1000km 的直流输电工程导线截面选择为例，对不同导线截面的输电损耗进行计算分析，损耗计算情况如表 2-9 所示。

表 2-9 不同导线截面线路功率损耗

导线截面积（mm²）	6×720	6×800	6×900	6×1000	6×1120	8×500	8×630	8×720	8×800
功率损耗（MW）	342.0	305.7	274.3	248.5	222.1	378.6	297.0	255.8	228.8
功率损耗率	4.28%	3.82%	3.43%	3.11%	2.78%	4.73%	3.71%	3.20%	2.86%

根据计算情况，对于给定的输电工程，不同导线截面之间的功率损耗最大差值达到约 150MW，功率损耗率最大差值达到了近 2%，如果输电距离增加，则功率损耗差值还会进一步增大。

可见，采用大截面导线技术对于降低直流输电工程的输电损耗，提升工程降损效益有较为显著的效果。直流输电线路导线截面的选择直接关系到工程建设投资及运行成本，还需综合考虑其经济性进行优化选择。

四、换流站相关系统方案设计

与直流输电工程换流站相关的系统方案设计主要包括换流站接入系统方案设计和换流站无功配置设计，这两项设计内容中也均会涉及降损问题的探讨。

换流站接入系统方案设计主要研究换流站接入交流电网的电压等级、出线方向及回路数等相关内容，接入系统方案应对可能成立的多方案进行详细的技术经济比较后推荐综合性能最优的方案。在方案比较的过程中，技术合理、输电损耗低、经济性优的方案是首选方案，合理的送、受端换流站接入系统方案应有利于优化系统潮流分布，有利于降低系统输电损耗。

对于采用常规直流输电技术的直流输电工程，无论是整流站还是逆变站，运行时均需要从交流系统吸收大量的容性无功功率，正常运行时，换流站无功消耗一般会达到有功功率的 40%～60%，合理的无功配置方案可避免出现大量无功远距离传输，有利于保持良好的运行电压水平、提高系统运行的稳定性，也有益于交流网络降低输电损耗。此外，换流站无功补偿设备在整个换流站的投资和占地上都占据了较大的比重，合理的无功配置方案对于节约直流工程建设成本和土地资源也是十分有益的。

因此，在换流站相关系统方案设计中，合理优化的接入系统方案设计和换流站无功配置设计均有利于降低输电损耗，可为直流输电系统带来附加的低碳效益。

第四节 小　　结

直流输电系统的输电损耗主要包括换流站损耗和直流输电线路损耗，与交流输电方式相比，换流站损耗的存在使得直流输电在近距离输电时不具降损优势，但在远距离、大容量电力输送时因直流输电线路上产生的输电损耗较交流输电线路更低，低碳效益更好。

对于相同输电容量，随着输电电压等级的升高，直流工程单位长度线路损耗率可获得明显降低；对应于不同输电容量，大容量直流输电伴随着更高的电压等级，在同一电压等级上，输电容量越大，选择的导线截面也越大，可获得更低的单位长度线路损耗率。特高压、大容量直流输电技术在降损方面具有更大的优势，低碳效益较好。

由于输送容量相同，单个换流站损耗占输送功率的比例基本相当，多端直流输电方案与两端直流输电方案换流站总损耗值也基本相当；多端直流输电方案线路总长度一般小于两端直流方案，也可能采用更高的电压等级，因此输送相同容量时，其线路功率损耗低于两端直流方案。综合两方面因素，多端直流输电方案整体输电损耗低于两端直流输电方案，低碳效益较好。

采用大截面导线技术对于降低直流输电工程的输电损耗，提升工程降损效益有较为显著的效果，且随着输电距离的增加，大截面导线的降损优势更加突出。直流输电线路导线截面的选择还直接关系到工程建设投资及运行成本，需综合考虑其经济性进行优化选择。

合理优化的换流站接入系统方案设计和换流站无功配置设计有利于优化系统潮流分布，减少无功流动，有利于降低系统输电损耗，可为直流输电系统带来附加的低碳效益。

除了低碳效益的考量外，由于直流输电容量通常都会受到系统需求的约束，现有的不同电压等级、不同规模的直流输电技术在不同的系统条件下都会有着与其所对应的适用范围，多端直流输电技术也有其特定的应用范围，在具体直流工程的规划、建设时，还需要考虑多方面的因素综合比较来优化确定。

第 三 章

换流站低碳技术应用

第一节 技 术 简 介

　　换流站作为直流输电系统的重要组成部分，分为整流站和逆变站，是为实现将交流电变换为直流电或将直流电变换为交流电而设置的站点。两端直流输电换流站主要由交流侧部分、换流器单元部分和直流侧部分组成，如图 3-1 所示。

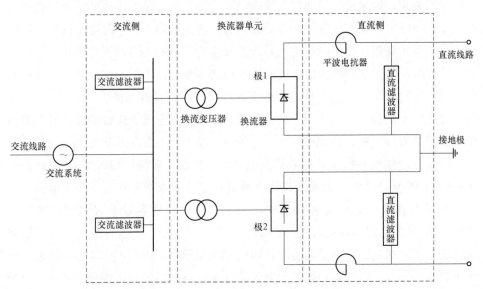

图 3-1　两端直流输电换流站组成示意图

　　换流站设计的主要内容包括站址选址、电气主接线、设备选择、电气设备布置、控制保护系统、配电装置及电气总平面布置、电气二次线、站用电系统、站区布置、建构筑物、阀冷却系统、采暖通风和空调系统、水工消防、大件运输、环境保护等。其中，电气主接线是换流站设计的核心，合理选择和确定电气主接线是提高换流站技术经济性的重要保障，是后续相关设计工作进行优化的基本前提。

换流站电气主接线应满足可靠性、灵活性和经济性的要求，这是换流站实现低碳建设和低碳运营的有力保障。通过优选换流站主接线，提高运行可靠性，降低设备或系统的故障率，可减少设备更换或系统恢复等需额外增加的设备材料消耗；提高运行的灵活性，可减少调度、检修或扩建时因流程增多或变复杂而额外增加的消耗；提高建设和运行的经济性，可通过优化占地面积、节省工程投资、降低运营成本等减少相应的消耗。所有这些，均可降低换流站的碳排放，实现低碳建设和低碳运营。

电气主接线的可靠性主要基于国内、外换流站长期运行的实践经验及其可靠性的定性分析，并综合考虑电气一次部分和相应组成的电气二次部分，采用可靠性高的电气设备以简化接线。电气主接线的灵活性应满足在调度运行、检修及扩建时的灵活性。不论正常运行还是事故、检修以及特殊运行方式下，均能适应调度运行的要求，能灵活、简便、迅速地调度运行方式，使停电时间最短，影响范围最小；检修时，能方便地停运直流系统、交流滤波器、交流配电装置等一次设备及控制保护装置，而不影响电力系统的安全稳定运行，且应操作简单，影响面小；扩建时，可方便地从初期接线过渡到最终接线，在不影响直流外送或者在停电时间最短的情况下，新建直流极或交流线路，与原有直流极或线路互不干扰，同时对电气一次和电气二次部分的改建工作量最少。电气主接线的经济性主要体现在建设综合投资省、占地面积小、运营成本小和停运损失小等方面。

两端直流输电系统中，换流站换流器单元接线一般采用每极单 12 脉动接线和每极双 12 脉动接线。直流侧接线为满足直流系统双极运行、单极大地回线运行和单极金属回线运行等多种方式，直流侧中性线需装设金属回线转换开关（MRTB）和大地回线转换开关（ERTB）。实际工程中，上述直流转换开关通常仅安装在整流站内。交流配电装置接线依据电压等级，500kV 及以上一般采用一个半断路器接线、220kV 一般采用双母线接线。当采用一个半断路器接线时，应结合工程建设规模和电气布置情况优化配串，尽量减少不完整串的数量。

换流站低碳技术主要可从设计方案、设备选型和低碳材料应用等三方面进行研究。通过设计方案优化、设备合理选型和低碳材料的应用，即可达到节省占地、减少能源消耗、节约用水及材料的目的，又可建设资源节约型和环境友好型的绿色换流站。因此，换流站低碳技术的应用也可归结为对换流站节能、节地、节水、节材和环境友好等方面的应用探讨，通过"四节一环保"相应措施的合理实施，实现换流站低碳技术的应用，降低换流站的材料及能源消耗，减少碳排放。

本章主要针对换流站节能、节地、节水、节材技术等内容进行论述，换流站噪声控制和水土保持相关内容详见第六章。

第二节 换 流 站 节 能

节能就是应用技术可靠、经济合理、环境和社会接受的方法，有效地利用能源，提高用能设备或工艺的能量利用效率。换流站节能技术可以分为主回路系统节能、控制保护系统节能、辅助系统节能和建筑节能四个方面。

（1）换流站主回路系统节能主要包括站内换流器、换流变压器、交流滤波器、直流滤波器、平波电抗器、并联电容器、并联电抗器和站用变压器等能耗设备的节能。另外，与主回路设备相关的导体和金具节能、阀冷却设备节能等也属于主回路节能的范畴。

换流站主回路能耗设备的损耗与其运行参数息息有关。换流站的损耗主要分为三类，即空载损耗、运行损耗及附加损耗。其中，运行损耗及附加损耗与换流站负载率有关。由于某些类型的设备（如交流滤波器和冷却设备）投运的数量取决于其负载率，因此，各个设备自身的损耗亦随负载大小而发生变化。

换流站损耗主要产生于站内的线圈类设备中，表3-1统计了换流站中的主要耗能设备及其在正常运行下的典型损耗比。

表3-1 直流换流站典型损耗比

设备	正常运行条件下的典型损耗（%）	设备	正常运行条件下的典型损耗（%）
换流器	25～45	并联电抗器（如使用）	2～5
换流变压器	40～55	直流滤波器	0.1～1
交流滤波器	4～10	辅助设备	3～10
平波电抗器	4～13	总计	100
并联电容器（如使用）	0.5～3		

注 1. 在正常运行条件下，总的空载损耗约占运行损耗的10%～20%。
  2. 表中给出的损耗比为一个统计范围，不同换流站容量或不同设备参数的设备损耗比不同，但基本上在该范围内变动。

根据近期已投运直流工程设备损耗的比较，随着直流输送电压等级和输送容量的提升，设备总损耗相对于总输送容量的比例基本不变。考虑到输送容量提升后低电压等级额定电流会提高，对应的设备损耗也会同步提高，因此，高电压更适合大功率、远距离的直流输送。

换流站主回路节能设备选型的重点，即在保证工程技术经济合理性和运行安全可靠性的前提下，尽可能地选择低损耗的运行设备。

（2）控制保护系统节能主要包括直流控制保护系统节能和二次辅助系统节能。其中直流控制保护系统是直流输电系统的核心，其节能效果包括设备的集成整合节能、统一通信规约节能自动化水平提高减员增效；二次辅助系统节能效果包括智能辅助控制系统节能、设备状态在线监测系统节能和时间同步系统的节能。

（3）换流站辅助系统是主回路系统连续可靠运行的重要保障。辅助系统节能包括站用电等辅助系统的优化设计、低能耗暖通空调设备、给排水设备及照明灯具的应用等。

（4）建筑节能包括建筑布置优化和建筑围护结构节能设计。

本节主要从以上四个方面介绍换流站节能技术。

一、主回路系统节能

对于换流站主回路系统自身设备节能而减少的碳排放，主要采用定量分析并适当结合定性分析的方法。定量分析具体步骤如下：

（1）明确单个元件的能耗计算方法和碳排放模型。

（2）收集并确定单个元件的主要计算参数，如额定负荷、额定损耗功率或实测损耗功率等。

（3）以年为典型计算时段计算该时段内元件的运行损耗。

（4）确定碳排放因子，基于计算得到的元件年运行损耗，估算元件年运行的二氧化碳排放量。依据官方发布的数据，每度电约消耗 0.36kg 的标准煤，折算得到相应的二氧化碳排放量约 0.997kg，碳排放量约为 0.272kg。本章定量分析计算中，以碳排放量的计算作为研究的基础。

（5）以具体工程为例，计算元件的运行能耗或相应的碳排放，分析现阶段换流站可行的低碳设计或低碳设备选型方案，并得出结论。

（一）主设备

1. 换流器

换流器主要由晶闸管、阀电抗器、直流均压电阻、阻尼电容和电阻、陡波均压电容、晶闸管触发及监测系统等组成。换流器的损耗有 85%～95% 是产生在晶闸管和阻尼电阻上。为计算换流器的损耗，通常分别计算出晶闸管阀的各损耗分量，然后相加而得到。换流器的各损耗分量是采用出厂试验的数据和标准的计算方法而求取。损耗是按一个阀（即一个桥臂）为单位来计算的。换流器的热备用损耗是在阀已充电但处于闭锁状态下的损耗。阀的冷却设备的损耗通常计入站用电损耗中。晶闸管阀的损耗可依据《确定高压直流换流站损耗的推荐方法》（GB/T 20989—2017）进行计算，主要由以下 9 个分量组成。

（1）阀通态损耗 W_1。指负荷电流通过晶闸管所产生的损耗，它与晶闸管的通态压降和通态电阻有关。

（2）晶闸管开通时的电流扩散损耗 W_2。指晶闸管开通时电流在硅片上扩散期间所产生的附加通态损耗，此时硅片上的电压比晶闸管完全开通以后的通态压降要高。

（3）阀的其他通态损耗 W_3。指阀主回路中除晶闸管以外的其他元件所造成的通态损耗。

（4）与直流电压相关的损耗 W_4。指阀在不导通期间，加在阀两端的电压在阀的并联阻抗的电阻分量上产生的损耗。它包括直流均压电阻、晶闸管断态电阻及反向漏电阻、冷却介质的电阻、阀结构的阻性效应、其他均压网络及光导纤维等产生的损耗。

（5）阻尼电阻损耗 W_5。指阀在关断期间，加在阀两端的交流电压经阻尼电容耦合到阻尼电阻上所产生的损耗。如果有几条阻尼支路，则应分别计算，然后总加起来。

（6）电容器充放电损耗 W_6。指在阀关断期间加在阀上的电压波形阶跃变化时，电容器储能发生变化而产生的损耗。

（7）阀关断损耗 W_7。指阀在关断过程中，流过晶闸管的反向电流在晶闸管和阻尼电阻上产生的损耗，此反向电流是由晶闸管中存储电荷而引起的。

（8）阀电抗器磁滞损耗 W_8。在计算电抗器铁芯的磁滞损耗时需要确定铁芯材料的直流磁化曲线，根据其磁化曲线所包围的区域，可求出其磁滞损耗特性，进而求出 W_8。

（9）阀的总损耗 W_T。指上述 8 项损耗之和，即

$$W_T = \sum W_n \tag{3-1}$$

当阀处于热备用状态时，其损耗为

$$W_T' = W_4' + W_5' \tag{3-2}$$

另外，除了上述提及的由晶闸管通态电流和通态特性所决定的晶闸管开通和关断损耗，由晶闸管上电压、反向恢复电流、触发角和换相角所决定的阻尼电路损耗，由阀开通和关断期间电抗器磁化而产生的阀电抗器导通和阻尼损耗等主要损耗之外，换流器由通态电流形成的阀母线导通损耗以及由加在水管上的电压决定的冷却回路电解损耗等也是换流器运行总损耗的组成部分。

以上所得为一个阀的总损耗，假定换流站有 N 个阀，则换流站内阀的损耗 W_S 以及换流站内阀在热备用状态下的损耗 W_S' 分别为

$$W_S = N W_T \tag{3-3}$$

$$W_S' = N W_T \tag{3-4}$$

晶闸管导通损耗、晶闸管关断损耗、其他导通损耗和阻尼回路损耗在换流器损耗中所占比重较大，是换流器的主要损耗来源；晶闸管开通损耗、与直流电阻相关损耗、阀电抗器损耗等损耗在换流器损耗中所占比重较小。要降低换流器损耗水平，主要是采取措施降低晶闸管导通损耗、晶闸管关断损耗、其他导通损耗和阻尼回路损耗，目前降低换流器损耗的措施和方法有：

（1）综合考虑单阀晶闸管数量（晶闸管额定电压）与晶闸管通态压降、晶闸管通态斜率电阻之间的关系，在成本合理的前提下优化设计，使晶闸管导通损耗最小。

（2）合理选择阻尼回路参数，在满足阻尼换流器关断过冲前提下，使得阻尼回路损耗最小。

（3）在换流变压器设计时，考虑换相电抗对换流器损耗的影响，优化换流变压器的设计。

直流换流站设计中，为降低换流器的运行总损耗，达到低碳节能的目的，应在满足系统水平和设备制造要求的基础上，尽量采用新型的大容量阀元件以增大通流能力，从而减少阀元件数量，以降低损耗；同时在阀损耗组件中进行优化设计，在满足整个系统的性能要求下，采用低阻抗的电气元件以达到低碳节能目的。

表 3-2 是近年来所投运的直流换流站换流器损耗的统计表。

表 3-2   换流站换流器损耗统计表

序号	换流站	直流电压（kV）	额定电流（A）	额定容量（MW）	形式	阀片尺寸	组数	计算损耗（kW）	损耗比（%）
1	鲁西背靠背（常规）	160	3125	1000	四重阀	5 英寸	6	5600	0.56
2	鲁西背靠背（柔直）	350	1429	1000	—	—	2	16 000	1.6
3	永仁站	500	3000	3000	四重阀	5 英寸	12	7746	0.26
4	富宁站	500	3000	3000	四重阀	5 英寸	12	6693	0.22
5	楚雄站	800	3125	5000	二重阀	5 英寸	24	6456	0.13
6	穗东站	800	3125	5000	二重阀	5 英寸	24	5136	0.10
7	复龙站	800	4000	6400	二重阀	6 英寸	24	7526	0.11
8	郑州站	800	5000	8000	二重阀	6 英寸	24	7360	0.09

注 上述损耗值来源于设备厂家提供的试验数据。

据此，可估算换流器元件年运行损耗折算得到的煤消耗和碳排放量，如表 3-3 所示。

表 3-3   换流站换流器年运行损耗对应碳排放统计表

序号	换流站	直流电压（kV）	额定电流（A）	额定容量（MW）	形式	阀片尺寸	煤消耗（t）	碳排放（t）
1	鲁西背靠背（常规）	160	3125	1000	四重阀	5 英寸	17 660.16	13 343.23
2	鲁西背靠背（柔直）	350	1429	1000	—	—	50 457.6	38 123.52
3	永仁站	500	3000	3000	四重阀	5 英寸	24 427.79	18 456.55
4	富宁站	500	3000	3000	四重阀	5 英寸	21 107.04	15 947.54
5	楚雄站	800	3125	5000	二重阀	5 英寸	20 359.64	15 382.84
6	穗东站	800	3125	5000	二重阀	5 英寸	16 196.89	12 237.65
7	复龙站	800	4000	6400	二重阀	6 英寸	23 733.99	17 932.35
8	郑州站	800	5000	8000	二重阀	6 英寸	23 210.50	17 536.82

由各换流站换流器年运行所需的等效煤消耗及相应的碳排放可知，随着换流器额定容量的增加，晶闸管阀片的尺寸相应增加，年运行所需的等效煤消耗和碳排放也将相应增加。另外，直流工程换流器晶闸管阀片尺寸选择主要还是依据直流额定电流进行选择，通常 1500A 以内采用 4 英寸阀片，2000~3200A

采用 5 英寸阀片，4000～6250A 采用 6 英寸阀厅。同时，由上述统计表可以看出，随着换流站额定容量的增加，提升直流电压的等级可有效降低换流器的损耗比，并相应降低换流器运行的等效碳排放。

2. 换流变压器

与普通电力变压器一样，换流变压器损耗也由空载损耗和负载损耗所组成。另外，由于通过换流变压器绕组的电流含有高次谐波，这将使其负载损耗增大。因此换流变压器的负载损耗比普通电力变压器的要大。在测量或计算换流变压器的负载损耗时，必须考虑谐波电流所引起的损耗。

（1）热备用损耗。在热备用状态下相当于换流变压器空载，热备用损耗就是空载损耗。确定空载损耗的方法与普通电力变压器相同。

（2）运行损耗。在运行中换流变压器的损耗为励磁损耗（铁芯损耗）加上与电流相关的负载损耗。当换流变压器带负荷时，就有谐波电压加在变压器上，但谐波电压对变压器励磁电流的作用与电压的工频分量相比可以忽略不计。因此可以认为换流变压器在运行中的铁芯损耗与在空载情况下是一样的。如何测量或计算换流变压器的负载损耗，尚没有一致的意见，目前所采用的有以下三种方法。

1）方法 1：分别测量换流变压器在各种谐波频率下的有效电阻，计算通过换流变压器的各次谐波电流，计算各次谐波电流的损耗，然后把这些损耗相加，即得到换流变压器的负载损耗。

2）方法 2：是一种近似的计算方法，它不需要在谐波频率下进行测量。根据同类型的换流变压器采用方法 1 进行测量的结果，推出有效电阻与频率的典型关系曲线（工频电阻的标幺值）来求出其有效电阻，然后计算出各次谐波的损耗。

3）方法 3：只在工频和一个高于 150Hz 的频率下测量换流变压器的负载损耗，避免了在上千赫兹下进行测量，同时测量次数也减少到两次。由实际测量的结果来计算变压器绕组的涡流损耗及其他结构部分的杂散损耗，然后利用公式计算出总的负载损耗。

比较以上三种方法，其中方法 1 比方法 2 更精确，但其所需的仪器及测量技术不是所有制造厂家都具备的。另外，其精确度直接与测量的精确度有关。方法 2 是对典型设计的换流变压器负载损耗的一种估算方法。如果变压器与典型设计相差较远，则此方法的精确度可能下降。方法 3 则是只需在两个频率下进行测量，同时可避免在上千赫兹下进行测量，也能达到所需的精确度。换流变压器的辅助电源损耗通常包括在换流站的总辅助电源损耗中。

换流站设计中，为降低变压器损耗，在设备选择上，可尽可能地降低换流变压器的空载损耗（铁损），适当降低换流变压器的负载损耗（铜损）；同时在系统设计中采用优化设计，在满足系统要求、阀短路水平、换流变压器制造及运输能力等前提下，使换流变压器的阻抗采用较低的数值，以减少电能损失。

另外，换流变压器的节能降耗可以通过合理选择变压器的型式和选择低损耗变压器来实现。在确定变压器的技术参数时，采用高导磁率的硅钢片，严格要求厂家按目前国内能够制造的最小空载损耗和负载损耗的参数来制造变压器；在散热器方面，配合厂家合理配置风机数量及投入数量，可以有效地降低风机损耗。

以某换流站 800kV 高端换流变压器为例，根据上述方法，测算得到对应的各项损耗值如下所示：

（1）额定电压时热备用（空载）损耗　　　　　　　　　　　162kW

（2）在 80℃ 参考温度下按规定的定值运行时的损耗

在主分接位置、额定电压、额定电流时（不含谐波）　　　506kW

在额定容量和最大电流的分接位置（不含谐波）　　　　　571kW

其中的负载损耗部分

50Hz 时 I^2R 损耗　　　　　　　　　　　　　　　　　372kW

50Hz 时绕组附加损耗　　　　　　　　　　　　　　　55kW

50Hz 时其他杂散损耗　　　　　　　　　　　　　　　79kW

谐波损耗　　　　　　　　　　　　　　　　　　　　59kW

（3）110%额定电压时的热备用（空载）损耗　　　　　　222kW

（4）换流变压器冷却用站用电功率（一组冷却器运行）　　281kW

表 3-4 给出了近年来投运的换流站换流变压器损耗的统计表。

表 3-4　　　　　　　　　　换流站换流变压器损耗统计表

序号	换流站	直流电压（kV）	额定电流（A）	额定容量（MW）	形式	台数	损耗（kW）	损耗比（%）
1	兴仁站	500	3000	3000	单相双绕组	12	8316	0.28
2	深圳站	500	3000	3000	单相双绕组	12	7140	0.24
3	永仁站	500	3000	3000	单相双绕组	12	6372	0.21
4	富宁站	500	3000	3000	单相双绕组	12	5808	0.19
5	鲁西背靠背	160	3125	1000	单相三绕组	6	5700	0.57
6	新松站	800	3125	5000	单相双绕组	24	13 848	0.28
7	复龙站	800	4000	6400	单相双绕组	24	18 096	0.28
8	郑州站	800	5000	8000	单相双绕组	24	23 520	0.29

注　上述损耗值来源于设备厂家提供的试验数据。

据此，可估算换流变压器年运行损耗折算得到的煤消耗和碳排放量，如表 3-5 所示。

表 3-5　　　　　换流站换流变压器年运行损耗对应碳排放统计表

序号	换流站	直流电压（kV）	额定电流（A）	额定容量（MW）	形式	台数	煤消耗（t）	碳排放（t）
1	兴仁站	500	3000	3000	单相双绕组	12	26 225.33	19 814.70
2	深圳站	500	3000	3000	单相双绕组	12	22 516.70	17 012.62
3	永仁站	500	3000	3000	单相双绕组	12	20 094.74	15 182.69
4	富宁站	500	3000	3000	单相双绕组	12	18 316.11	13 838.84
5	鲁西背靠背	160	3125	1000	单相三绕组	6	17 975.52	13 581.50
6	新松站	800	3125	5000	单相双绕组	24	43 671.05	32 995.91
7	复龙站	800	4000	6400	单相双绕组	24	57 067.56	43 117.70
8	郑州站	800	5000	8000	单相双绕组	24	74 172.67	56 041.57

由各换流站换流变压器年运行所需的等效煤消耗及相应的碳排放可知，随着换流站额定容量的增加，换流变压器年运行所需的等效煤消耗和碳排放也将相应增加。换流变压器运行引起的碳排放随着换流容量的增加而增大，在满足系统、制造及运行等要求的前提下，为降低换流变压器运行引起的碳排放，可尽量减小变压器的阻抗。

3. 交流滤波器

交流滤波器由电容器、电抗器和电阻器组成。滤波器的损耗是组成它的设备损耗之和。在求滤波器损耗时，假定交流系统开路，所有谐波电流都流入滤波器之中。

（1）滤波电容器损耗。滤波电容器损耗的计算方法同并联电容器。

$$P = P_1 S \tag{3-5}$$

式中　P_1——各电容器的平均损耗，W/kvar；
　　　S——在交流系统额定电压和额定频率下，电容器组的三相无功功率额定值，kvar。

（2）滤波电抗器损耗。在确定滤波电抗器的损耗时，需要计算流过电抗器的工频谐波电流以及电抗器的工频电抗和在各次谐波下的品质因数，然后可按下式计算。

$$P_R = \sum \left[\frac{(I_{Ln})^2 X_{Ln}}{Q_n} \right] \tag{3-6}$$

式中 P_R——滤波电抗器损耗，W；

　　　　I_{Ln}——流经电抗器的 n 次谐波电流，A；

　　　　X_{Ln}——电抗器的 n 次谐波阻抗，Ω；

　　　　X_{L1}——电抗器的工频阻抗；

　　　　Q_n——电抗器在 n 次谐波下的品质因数的平均值。

（3）滤波电阻器损耗。计算滤波电阻器的损耗时，应同时考虑工频电流和谐波电流。滤波电阻值应在工厂进行测量，并需要计算出流过滤波电阻器的电流有效值，然后可按下式计算：

$$P_\tau = RI_R^2 \tag{3-7}$$

式中 P_τ——滤波电阻器损耗，W；

　　　　R——滤波电阻值，Ω；

　　　　I_R——流过电阻的电流有效值，A。

以某单组容量为 220Mvar 的 750kV 交流滤波器和单组容量为 265Mvar 的 500kV 交流滤波器为例，滤波器组损耗计算值如表 3-6 所示。

表 3-6   交流滤波器典型损耗值

序号	名　称	交流滤波器 1	交流滤波器 2
1	额定电压（kV）	750	500
2	单组容量（Mvar）	220	265
3	电容器损耗（kW）	260	300
4	电抗器损耗（kW）	240	250
5	电阻器损耗（kW）	120	130

表 3-7 给出了近年来投运的换流站交流滤波器损耗的统计表。

表 3-7   换流站交流滤波器损耗统计表

序号	换流站	输送容量（MW）	交流电压（kV）	小组容量（Mvar）	小组数量（组）	损耗-C（kW）	损耗-L（kW）	损耗-R（kW）	总损耗-C+L+R（kW）	损耗比（%）
1	永仁站	3000	500	175	9	792	1980	1080	3852	0.13
2	富宁站	3000	500	110	16	1408	3520	1920	6848	0.23
3	鲁西背靠背（云南）	1000	500	110	6	1800	1500	720	4020	0.40
4	鲁西背靠背（广西）	1000	500	110	6	1800	1500	720	4020	0.40

注   上述损耗值来源于设备厂家提供的试验数据。

据此，可估算交流滤波器年运行损耗折算得到的煤消耗和碳排放量，如表 3-8 所示。

表 3-8　　　　　换流站交流滤波器年运行损耗对应碳排放统计表

序号	换流站	输送容量（MW）	交流电压（kV）	小组容量（Mvar）	小组数量（组）	煤消耗（t）	碳排放（t）
1	永仁站	3000	500	175	9	12 147.67	9178.24
2	富宁站	3000	500	110	16	21 595.85	16 316.87
3	鲁西背靠背（云南）	1000	500	110	6	12 677.47	9578.53
4	鲁西背靠背（广西）	1000	500	110	6	12 677.47	9578.53

由上述统计表可以看出，换流站交流滤波器年运行所需的等效煤消耗和碳排放随着滤波器小组数量和单组容量的增加而增大。换流站设计中，可结合系统条件，适当减少交流滤波器的小组数量和单组容量，以降低交流滤波器的碳排放。

4. 平波电抗器

平波电抗器可采用干式电抗器或油浸式电抗器，油浸式电抗器还可采用带气隙的铁芯。流经平波电抗器的电流是叠加有谐波分量的直流电流。谐波电流主要是由换流站直流侧产生的特征谐波，也可能有少量的非特征谐波。平波电抗器的负载损耗包括直流损耗和谐波损耗。负载损耗可在工厂进行测量，也可按下式进行计算：

$$P_{SR} = \sum I_n^2 \cdot R_n \qquad (3-8)$$

式中　P_{SR}——平波电抗器的负载损耗，W；

　　　I_n——n 次谐波电流，A；

　　　R_n——n 次谐波电阻，Ω。

当采用带铁芯的油浸式电抗器时，还应计算磁滞损耗。

与换流变压器类似，降低平波电抗器损耗，可通过合理选择电抗器的型式和选择低损耗电抗器来实现。

当采用油浸式电抗器时，可采用高导磁率的硅钢片，严格要求厂家按目前国内能够制造的最小空载损耗和负载损耗的参数来制造电抗器，以达到低碳节能的目的。

以 500kV、3000kA 平波电抗器为例，若采用干式电抗器，每站装设 4 台电抗器，单台损耗 217kW，总损耗 868kW；若采用油浸式电抗器，每站装设 2 台电抗器，单台损耗 400kW，总损耗 800kW。相比干式电抗器，采用油浸式电抗器能耗将略低于干式电抗器。

当采用干式平波电抗器时，可以采取的节能降耗措施包括：

（1）增加导线截面积，降低导线的直流电阻，从而降低产品的直流电阻损耗。

（2）选用优质电工圆铝杆，使得其纯度高、加工性能好、电阻率稳定，确保矩形换位铝芯绝缘导线各单线间电阻值平衡、降低电抗器的损耗。

（3）选用小截面圆导线，使交流谐波产生的涡流损耗、漏磁损耗等附加损耗相应地减少，以达到降低损耗的目的。

以某±800kV、6400MVA 额定输送容量用直流输电平波电抗器为例，其额定电流和最大连续电流下的损耗值如表 3-9 所示。

表 3-9 　　　　　　　　　　平波电抗器典型损耗值　　　　　　　　　单位：kW

类别	直流损耗	谐波损耗	总损耗
额定电流（4000A）下	225	32	257
最大连续电流（4500A）下	285	32	317

表 3-10 给出了近年来投运的换流站平波电抗器损耗的统计表。

表 3-10 　　　　　　　　　　换流站平波电抗器损耗统计表

序号	换流站	直流电压（kV）	额定电流（A）	额定容量（MW）	型式	台数	损耗（kW）	损耗比（%）
1	永仁站	500	3000	3000	干式	4	868	0.03
2	富宁站	500	3000	3000	干式	4	868	0.03
3	鲁西背靠背	160	3125	1000	油浸	2	830	0.08
4	新松站	800	3125	5000	干式	8	2000	0.04
5	复龙站	800	4000	6400	干式	8	2056	0.03
6	郑州站	800	5000	8000	干式	12	2760	0.03

注　上述损耗值来源于设备厂家提供的试验数据。

据此，可估算平波电抗器年运行损耗折算得到的煤消耗和碳排放量，如表 3-11 所示。

表 3-11 换流站平波电抗器年运行损耗对应碳排放统计表

序号	换流站	直流电压（kV）	额定电流（A）	额定容量（MW）	型式	台数	煤消耗（t）	碳排放（t）
1	永仁站	500	3000	3000	干式	4	2737.33	2068.2
2	富宁站	500	3000	3000	干式	4	2737.33	2068.2
3	鲁西背靠背	160	3125	1000	油浸	2	2617.49	1977.66
4	新松站	800	3125	5000	干式	8	6307.2	4765.44
5	复龙站	800	4000	6400	干式	8	6483.80	4898.87
6	郑州站	800	5000	8000	干式	12	8703.94	6576.31

由上述统计表可以看出，换流站平波电抗器年运行所需的煤消耗和碳排放与电抗器型式选择关系较大。当技术条件满足要求时，为降低平波电抗器的运行损耗和等效碳排放，可优先选用油浸式电抗器。同时，随着换流站额定容量的增加，提升直流电压的等级可有效降低平波电抗器的运行损耗比，并相应降低电抗器运行的碳排放。

5. 并联电容器

由于电容器的功率因数值低，谐波电流引起的损耗很小，可以忽略不计。电容器的工频损耗在出厂试验时进行测量，并以 W/kvar 给出。电容器组的损耗可按下式计算：

$$P = P_1 S \qquad (3-9)$$

式中　P_1——各电容器的平均损耗，W/kvar；

　　　S——在交流系统额定电压和额定频率下，电容器组的三相无功功率额定值，kvar。

6. 并联电抗器

当换流站轻载时为了吸收交流滤波器发出的过剩容性无功，需要投入并联电抗器。并联电抗器的损耗在出厂试验时进行测量，并在标准环境条件下进行计算。

在大容量的低压并联电抗器中，目前主要采用的有油浸式电抗器和干式空芯电抗器两种型式。另外，干式半芯电抗器在国内部分变电站也获得了应用，但电压等级一般都在 35kV 以下，单台容量一般也都不超过 20Mvar。

干式空芯电抗器具有结构简单、无绝缘油、价格低廉、供货厂家多、无须专设防火设施等优点，目前在国内变电站或换流站得到了广泛的应用。但相比油浸式电抗器，干式空芯电抗器在运行中也具有更大的损耗。

干式空芯电抗器由于其导磁介质为空气，线圈内的磁导率和磁通密度较低，因此产品体积大、导线用量多，损耗也比较大。干式半芯电抗器在此基础上进行了改进，在线圈中加入了由高导磁材料做成的芯柱，增加了线圈内的磁导率和磁通密度，与干式空芯电抗器相比较，在同等容量下，线圈直径大幅度缩小，导线用量大大减少，损耗也随之大幅度降低。

相比干式电抗器，油浸电抗器具有较好的运行稳定性和较长的寿命。另外它还具有损耗小、无漏磁污染、易监测的优点，但由于油浸电抗器一次投资价格较高、运行维护工作量相对较大，因此，目前在国内变电站或换流站应用较少。

对于并联电抗器的运行损耗，以单组 35kV、60Mvar 的低压并联电抗器为例，干式空芯电抗器的损耗约为 177kW/组；干式半芯电抗器的损耗约为 120kW/组；油浸电抗器的损耗约为 115kW/组。油浸式电抗器运行损耗最低，干式空芯电抗器运行损耗最高。相比干式空芯电抗器和干式半芯电抗器，油浸式电抗器具有明显的节能效果。

因此，在换流站低压并联电抗器型式选择中，从电抗器的节能设计、低碳应用角度出发，可采用油浸式电抗器或干式半芯电抗器替代现阶段广泛应用的干式空芯电抗器。

7. 站用变压器

由于站用变压器在正常运行状态时多处于低负荷运行状态，因此，在站用变压器的选择上，降低变压器的空载损耗将获得明显的低碳节能运行效果。

目前，换流站内用站用变压器一般均采用能耗较低的 S11 型变压器，该型变压器属于节能型产品。变压器的空载损耗和负载损耗一般均不允许超过《油浸式电力变压器技术参数和要求》（GB/T 6451—2008）中相关要求值。以某 ±800kV 换流站为例，站内各站用变压器损耗值如表 3-12 所示。

表 3-12 　　　　　　　　　某±800kV 换流站站用变压器损耗值

项　目	站用变压器			
	500kV	110kV	35kV	10kV
设备台数	2	1	2	10
最大负荷损耗小时数 τ（H）	2500	2500	2500	2500
变压器空载损耗 ΔP_0（kW）	98	13.6	7.46	2.16
变压器负载损耗 ΔP_C（kW）	415	48.3	37.8	17.13
变压器空载损耗限值 P_0（kW）	150	14.2	10.88	2.5
变压器负载损耗限值 P_k（kW）	705	53	47.7	17.82

注　上述损耗值来源于设备厂家提供的试验数据。

该类变压器虽为节能型设备，但也都是采用硅钢片材料制作铁芯。近年来，随着变压器制造技术的进步，出现了一种采用新型非晶合金材料作为铁芯的非晶合金变压器，并且已逐步得到了应用和推广。

非晶合金是将以铁、硼、硅、镍和碳（加碳后可提高饱和磁通密度）等为主的材料熔化后，在液态下以 106K/s 的冷却速度，从合金液到金属薄片一次成形，其固态合金没有晶格、晶界存在，因此，称为非晶态合金，亦称非晶合金（金属原子都不按晶格排列叫非晶态）。非晶合金表现为原子呈无序非晶体排列，它与硅钢的晶体结构完全不同，更利于被磁化和去磁，非晶合金分为铁基非晶合金、铁镍基非晶合金和钴基非晶合金三大类。

采用非晶合金材料制作的变压器铁芯，具有高饱和磁感应强度和低损耗的特点，大幅度降低了铁芯的空载损耗，其空载损耗可比用硅钢片铁芯的变压器下降70%以上，空载电流下降约80%，是目前节能效果较为理想的站用变压器。

目前非晶合金变压器投资约为常规硅钢铁芯变压器的 1.3～1.5 倍。通过比较可知，采用 S15 型非晶合金变压器，相比 S11 型变压器，虽然初期一次性投资差别较大，但由于非晶合金变压器较常规硅钢片变压器空载损耗降低较多，因此，两者在全寿命周期内的总投资已较为接近。将来，随着非晶合金变压器的推广，非晶合金材料的价格将有着进一步下降的空间。届时，两种变压器之间的价差将会进一步缩小。因此，考虑到非晶合金变压器的节能减排效果显著，非晶合金变压器具有较好的推广价值。

由于受非晶合金铁芯制造技术的限制，大容量的非晶合金变压器尚没有成熟的产品，目前非晶合金变压器最大容量制造能力为35kV 或 10kV、2500kVA。因此，换流站低碳节能技术应用中，可首先考虑各就地变压器（如公用配电室站用变压器、阀组交流配电室站用变压器等）采用非晶合金变压器，以降低站用变压器运行能耗，达到低碳节能运行的目的。

8. 测量装置

换流站内电流互感器等测量装置可采用电磁式、光电式或纯光式设备，光电式和纯光式测量装置又统称为电子式互感器。

换流站运行中，电磁式互感器和电子式互感器本省耗能虽不多，但由于两者信号传输媒介的不同，使得其对工程建设节能减排的贡献也不同。电磁式互感器一般采用电缆传输，电子式互感器一般采用光缆传输。相比电缆传输，光缆传输具有更大的传输容量，传输距离长、体积小、重量轻。因此，随着电子式互感器的应用，换流站中可大量减少电缆及电缆通道的设置，降低电缆制造或工程建设过程中的能源消耗和碳排放。

现阶段，换流站一般在直流场或部分滤波器场采用了电子式互感器，为进一步落实测量装置低碳技术的应用，可考虑在交流场、交流滤波器场等其他区域推广电子式互感器的应用。

9. 复合材料

以往换流站或变电站中，支柱式设备或悬式绝缘子外绝缘大多采用瓷质材料。随着复合材料技术的不断发展，以硅橡胶为代表的复合材料在换流站或变电站中已经逐步得到了推广应用。基于复合材料优异的电气性能和机械性能，相比瓷质材料，复合材料具有明显的低碳节能效果。

相比瓷套管在烧制过程中需耗费大量的能源，液体硅橡胶材料由于具有流动性好的特点，在高温下固化速度快，无须二次硫化，固化过程无副产物，成型过程物料损耗少，生产周期短、效率高。尤其是随着电压等级的提高，相比瓷套管，硅橡胶套管的制造难度和生产成本都更低，生产过程中的耗能和碳排放也更少。

硅橡胶具有良好的电气和力学性能、极好的疏水特性、极好的抗爬电和抗电弧能力、良好的耐气候影响和耐污秽能力等特点。采用硅橡胶制造的复合套管憎水性好、体积小、质量相对瓷套管更轻。

特高压换流站中，直流场支柱式设备的爬电距离要求非常高，若采用瓷质套管，在污秽较严重地区，套管由于爬电距离增加使得高度增高太多，从而可能使得制造困难；同时，如平波电抗器、电容器塔等重量较大的设备高度增加后已较难满足抗震的相关要求。如此一来，将有可能不得不采取措施减小套管爬电距离或降低设备高度的措施，如采用户内直流场等。当然，这将带来阀厅、空调及套管等设备或材料投资的增加，也相应增加了建设过程中的碳排放，不利于节能。

考虑到硅橡胶良好的抗爬电性能和抗震性能，即使在污秽严重或高地震烈度地区，硅橡胶套管亦能满足户外特高压直流支柱式设备的爬电距离及抗震要求，因此，特高压换流站中，户外直流场支柱式设备大多采用了硅橡胶复合套管。相比采用瓷套管，复合套管实现了节能应用，达到了降低设备制造或工程建设过程中碳排放的目的。

由于硅橡胶复合材料在电力系统的使用时间有限，其使用寿命还有待工程实践的检验。因此，复合套管的低碳节能应用还需结合换流站的使用寿命综合考虑，必要时，复合套管的应用可利用全寿命周期方法对全寿命周期内的工程投资和节能效果进行总体分析后确定。

总的来说，换流站损耗主要由主回路系统损耗决定。同时，换流站损耗与系统运行方式也息息相关。

以某±800kV、5000MW 换流站为例，当双回直流双极全压运行、传输额定功率时，送端站和受端站的总损耗分别是 29 550kW 和 30 021kW，损耗率分别为 0.591%和 0.600%，两站总损耗率为 1.191%；当运行工况为双极全压，110%额定功率时，两站损耗达到最大值，分别为 33 540kW 和 34 468kW，损耗率分别为 0.610%和 0.627%。当系统以双极全压运行且输送 50%额定功率时，两站总损耗率最低，为 1.098%；当系统以双极降压 70%运行且输送 10%额定功率时，两站总损耗率最高，为 3.495%。

由此可以得出结论，换流站运行中，会导致损耗率显著升高的系统运行方式有：① 系统降压运行；② 系统输送功率低于 50%额定功率。因此，为降低损耗，从电网和直流系统安全稳定运行的角度，优化安排直流系统的运行方式，尽量避免一些特殊运行方式，如降压运行、系统输送功率过低等。

另外，从系统节能角度考虑，加强主网和直流系统的谐波治理措施，可减少电网背景谐波和直流系统谐波对换流变压器等电气设备损害和谐波损耗。从设备节能角度考虑，加强设备冷却系统的作用，既可以减小损耗带来的热量对设备的损坏，也可以进一步降低设备的损耗值。

（二）阀冷却设备

阀冷却系统主要设备包括闭式蒸发型冷却塔、空气冷却器、主循环水泵、精混床离子交换器、膨胀罐及氮气除氧装置、过滤器、原水罐、补充水泵、喷淋水泵、活性炭过滤器及反冲洗装置、反渗透装置（配置高压水泵）及清洗装置、软水设备、喷淋水加药装置、喷淋水自循环水泵及砂滤器等，其中闭式蒸发型冷却塔、空气冷却器均配置散热用轴流风机。阀冷却设置中的耗能设备为各种水泵和风机。

降低阀冷却设备能耗可采用下列措施：

（1）冷却方式：阀外冷却系统按照冷却方式不同分为水冷、空冷两种方式，由于空冷的耗电量相对较大，在水源充足，废水可排至污水处理厂集中处理或废水可直排，且满足国家排放标准时，阀外冷却系统应尽可能采用水冷，由于水冷效率高，可大大降低冷却设备的能耗。

（2）选用能效比高的设备：阀冷却设备所配风机及水泵均采用节能型产品，能效等级应达到 2 级及以上。

（3）采用变频控制技术：在换流阀允许的水温范围内，将进阀水温设定在较高值，以减少室外换热设备（空气冷却器或冷却塔）运行台数和时间，空气冷却器或冷却塔所配风机采用变频控制技术，通过对散热风机的合理分组及优化变频器的设定参数，根据换流阀负荷变化和室外气候条件控制风机启停的台（组）数和运行风机的转速，达到降低风机能耗的目的。

（4）废热综合利用：利用换流阀散发的废热作为供暖或生活热水的热源，将部分热量利用，通过废热利用实现节能的目的。换流阀废热综合利用原理图如图3-2所示。

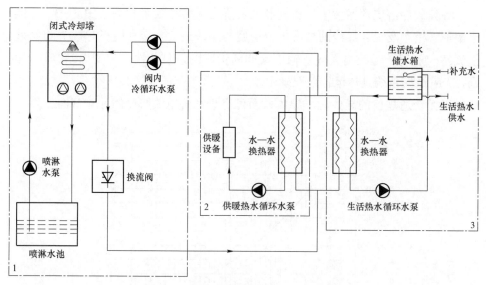

图3-2　换流阀废热综合利用原理图

1—阀冷系统；2—生活供暖系统；3—生活热水系统

（三）导体和金具

1. 导体

导体作为用以载荷电流的元件，按其型式可分为软导体和硬导体两大类，导体一般采用导电率较高的材料制成。导体选择考虑的因素主要包括电气性能和机械性能。电气性能包括载流量、电磁环境、热稳定能力等方面的要求，而机械性能则包括端部拉力、挠度、支座弯矩和扭矩等方面的要求。其中，载流量和电晕是引起导体损耗的主要因素。

（1）换流站低碳设计中，应依据电网的实际情况，考虑电网的各种运行方式，合理选择各回路导体截面，以减少单位面积的通流量，减少电能损失。对于全年负荷利用小时数较大，母线较长（超过 20m），传输容量较大的回路，可按经济电流密度选择导体截面，如对换流变压器回路按经济电流密度选择导体。

导体经济截面确定原则为：

$$S_j = I_{xu} / j \qquad (3-10)$$

式中 S_j ——导体经济截面；

$\quad\quad I_{xu}$ ——导体回路持续工作电流；

$\quad\quad j$ ——经济电流密度。

导体的经济电流密度 j 与系统最大负荷利用小时数 T 相关。图 3-3 给出了铝矩形、槽形及组合导线的经济电流密度与系统最大负荷利用小时数 T 的关系。换流站一般用于远距离大容量输电或非同步联网，负荷性质与变电站有较大区别，T 应根据系统具体运行情况确定。

当无合适规格的导体时，导体截面可小于经济电流密度的计算截面。

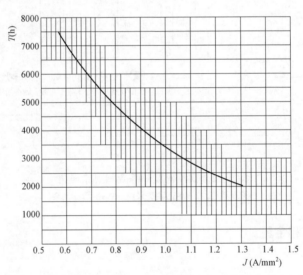

图 3-3　铝矩形、槽形及组合导线经济电流密度

（2）为降低电晕损耗，导体选型时，应满足导体在最高运行电压下晴天夜间不产生全面电晕的要求，即

$$g_0 > g_{max} \qquad (3-11)$$

式中 g_0 ——导体表面起晕电场强度；

$\quad\quad g_{max}$ ——导体表面最大电场强度。

如果认为直流导体起晕电场强度与交流导体起晕电场强度的峰值相同，则标准大气条件下导体表面起晕电场强度 g_0 按式（3-12）计算。

$$g_0 = 30m\delta\left(1 + \frac{0.301}{\sqrt{r\delta}}\right) \qquad （3-12）$$

$$\delta = \left(\frac{273 + t_0}{273 + t}\right)\frac{P}{P_0} \qquad （3-13）$$

式中　g_0——kV/cm；

　　　　m——反映导体表面状况的粗糙系数；

　　　　r——导体半径，cm；

　　　　δ——相对空气密度；

　　　　P_0——标准大气压，取为 101.3kPa；

　　　　P——换流站的实际大气压，kPa；

　　　　t_0——标准环境温度，取为 20℃；

　　　　t——换流站的实际温度，℃。

直流导体的粗糙系数 m 一般取 0.4～0.6。±800kV 直流换流站中直流导体可使用的类型有软导线和管母，对于软导线，取 $m=0.5$；对于管母，取 $m=0.6$。

（3）电气总平面布置中，在满足系统技术要求的同时，优化进出线和换流变压器进线的分配布置，尽量将进出线均匀布置，以尽可能避免母线上局部出现过大的通流量，减少电能损耗，降低碳排放。

对于交流滤波器大组汇流母线，由于运行时通流电流较大，因此，一般选择铝管母线。铝管母线表面积较大，可减少电流集肤效应的影响，增加散热面积，从而降低运行损耗和碳排放。

对于设备间连线，当拉力等技术条件满足要求时，宜选用纯铝绞线，可以有效避免钢芯铝绞线钢芯产生的涡流损耗和磁滞损耗；也可选用交流电阻较低的节能导体。另外，由于绝缘铜管母线集肤效应低、交流电阻小、表面积大散热条件好，经技术经济比较，对于 10kV 的大电流回路（如站用电回路中可能涉及的）可选用绝缘铜管母线。

2. 节能金具

换流站低碳设计中，连接金具应采用非铁磁材料制造的节能型金具以避免铁磁性材料产生的涡流和磁滞损耗，并应采取适当的防电晕措施以降低电晕损耗。

特高压换流站中，高压设备或导体上的电场分布较为复杂，为了改善电场的不均匀性，所采用的金具一般都经专门设计，以使金具的表面电场均匀，减少电晕现象的产生，减少电能损耗，降低碳排放。

二、控制保护系统节能

换流站控制保护系统通常由交直流控制保护系统和二次辅助系统两大类设备构成。直流控制保护系统是直流输电系统的核心，主要由运行人员控制系统、交直流站控系统、极和换流器控制系统、直流系统保护等构成。二次辅助系统设备主要包括站用电源系统、时钟同步系统、阀冷却设备控制保护系统、火灾自动报警系统、图像监视及安全警卫系统、设备状态监测系统等。

（一）直流控制保护系统节能

1. 直流控制保护系统的特点及构成

（1）直流控制保护系统特点。

直流输电与交流输电相比较的一个显著特点是可以通过对换流器的快速调节，控制直流输送功率的大小和方向，以满足整个交直流联合系统的运行要求。直流控制保护系统主要特点如下：

1）直流控制系统和直流系统保护关系紧密。对于直流系统的异常或故障工况，通常首先是通过控制的快速性来抑制故障的发展。直流控制系统和保护的配合，既能快速抑制故障的发展、迅速切除故障，又能在故障消除后迅速恢复直流系统的正常运行。

2）与交流系统关系密切。不论整流侧或者逆变侧，直流设备均是通过换流变压器与交流系统连接。交流系统的扰动和故障，不可避免地影响到直流设备。

3）两端换流站联系紧密。对于长距离直流输电两端换流站，通常一个站控制直流电压，另一个站控制直流电流，需要两个站的密切配合才能将换流器保持在稳定运行状态。由保护起动的故障控制顺序可通过两端换流站之间的通信系统来优化故障清除后的恢复过程，使故障持续时间最小和系统恢复时间最短。

4）数据处理能力强。随着数字技术的快速发展，硬件运算速度大幅提高，加上高速通信技术的应用，使得直流控制保护系统设备能够同时处理大量的数字信号，保证了直流控制保护系统设备的高速响应性能。

（2）直流控制保护系统的构成。

为保证直流输电系统的安全稳定运行，直流输电控制保护系统的总体结构、功能配置和总体性能应与工程的主回路结构、运行方式和系统要求相适应，并满足系统灵活性、可靠性等要求。

直流控制保护系统应设计为分层分布式结构，实现直流输电系统所要求的监视、控制与保护等功能。总体结构分为运行人员控制层、控制保护设备层、现场 I/O 设备层，各分层之间以及同一分层的不同设备之间通过标准接口及网络总线相连，构成完整的控制保护系统。

为了达到直流输电系统所要求的可用率和可靠性，换流站直流控制保护系统通常采用冗余设计。控制设备采用双重化加切换逻辑的冗余结构，保护设备采用双重化或三重化冗余结构。冗余设计的范围涵盖各自独立的软硬件设备、测量回路、电源回路、信号输入输出回路和通信回路等。冗余的任意一重设备因故障或其他原因退出运行或检修时，应不影响整个高压直流输电系统的正常运行。

2. 直流控制保护系统节能措施

（1）设备的集成和整合。

我国直流控制保护技术虽然起步较晚，但发展迅速，直流控保设备从全面引进国外设备到已全面实现了国产化，历经了更新换代。通过天广、贵广、云广、两渡、滇西北等诸多国内直流输电工程建设经验的积累，随着数字技术的快速发展和数据处理能力的加强，在兼顾功能与实用性的前提下，实现设备的集成整合、并优化组屏方案，减少屏柜数量，不但可以节能降耗，还可以减少二次设备室的面积和二次光/电缆的数量，达到节地和节材。

直流二次设备的集成整合降低能耗的措施主要体现在如下几个方面。

1）直流系统保护：直流系统保护设备集成度高，可以将单独运行的换流系统内的所有能引起该系统停运的设备故障保护集中在一套保护系统中。例如，直流线路保护、直流滤波器保护、换流变压器保护的功能可集成在直流保护设备中，不再配置独立的直流线路保护、直流滤波器保护、换流变压器保护装置等；优化各交流滤波器小组保护配置，各小组保护功能可集中在一大组交流滤波器保护中；小组断路器的选相合闸装置不必独立组屏，可合理分配在小组断路器的操作箱的组屏中，或安装于小组保护或大组测量接口屏内。

2）直流控制系统：针对直流输电系统不同设备和不同范围的监控功能要求，将直流输电控制系统从物理上和控制逻辑上分为若干层次，使直流控制系统形成多个具有独立控制功能和自支持能力的子系统（层），并将各层之间的信号传输及故障影响减至最小，最大限度提高直流输电控制系统的可靠性、灵活性和方便性。直流控制系统按功能从高层次到低层次等级通常划分为 4 个层次，分别为系统控制层、双极控制层、极控制层、换流器控制层，如图 3-4 所示。当每极只有一个换流器时，为简化结构，极控制层和换流器控制层可合并为一层；

当直流输电系统只有一回双极线路时，通常系统控制层和双极控制层可合并为一层。双极控制层可不配置单独的控制主机，将其功能配置在 2 个极的极控系统中或直流站控中。

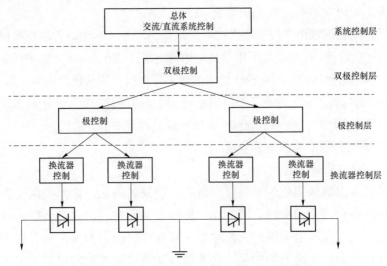

图 3-4　直流控制系统分层结构示意图

3）站用电系统：换流站的站用电系统比较复杂，分高压站用电系统和低压站用电系统，其中低压站用母线按构成换流站独立运行的换流单元设置。通常为每台站用变压器配置单独的站用变压器保护装置，低压站用变压器保护装置不单独组屏而安装于对应进线开关柜内可减少二次屏柜数量；配置站用电控制主机，实现高、低压站用备用电源自动投入功能，不再独立配置备自投装置，对每极单 12 脉动换流器接线的换流站可节省 3 套备自投装置。对每极双 12 脉动换流器接线的换流站可节省 5 套备自投装置。

通过对二次设备的集成整合，这一优化既在减少设备采购、施工工程量和运行能耗方面带来显著的节能效果，也将减少主辅控楼二次设备室和就地继电器小室的布置面积，对换流站各建筑物的占地面积减少有非常明显的作用；同时缩短了各个一次和二次设备之间的电缆敷设距离，从而减少了站内控制电缆和光缆总量，一举三得。通过控制这三个方面的技术经济指标，从而达到了低碳的目标。举例如下：

对于布置在控制楼内的直流控制保护（除交流滤波器外）和站用电控保设备，以某±500kV 直流换流站为例，未对二次设备优化整合前，主控楼内直流控保屏柜约为 90 面屏，在优化减少了双重或三重冗余配置的双极控制屏、阀组控制屏、直流滤波器保护屏、换流变非电量保护屏、站用变保护及备自投屏等屏柜后，大约可减少 20 面屏柜，在设备和施工方面带来超过 20%的节能效果。另外对于 N 层建筑的控制楼，减少建筑面积约为 $70 \times N m^2$，对于土建方面的节地和节材效果是非常显著的；对于 $\pm 800kV$ 及以上特高压换流站单极双 12 脉动阀组串联、配置辅控楼的方案，节地和节材效果更加明显。

对于布置在的继电器小室内交流滤波器控制保护屏柜，其低碳指标取决于交流滤波器组的配置规模，小组交流滤波器数量越多，低碳节能效果越佳。以某换流站为例，四大组、每大组配置四小组交流滤波器，按常规不整合配置方案每大组交流滤波器的控制保护屏柜为 16 面屏，四大组交流滤波器共需要 $16 \times 4 = 64$ 面屏柜。在对其二次设备进行集成整合后，每大组交流滤波器的控制保护屏柜为 10 面屏，四大组交流滤波器只需要 $10 \times 4 = 40$ 面屏柜，一共可减少 24 面屏柜，低碳节约效果非常可观。

（2）统一通信规约/减少接口设备。

对于早期引进国外技术的换流站，由于全站控制、保护和其他二次辅助系统采用若干个不同厂商设备，不同设备间联系通常要采用额外增加规约转换器来实现，而且还会由于技术壁垒和不同子系列规约等莫名原因造成无法通信的事实，很多自动化功能不能实现。随着直流控制保护技术的全面国产化和升级改进，现在的直流换流站工程，此类接口问题逐步得以解决。

直流二次设备统一通信规约减少接口设备达到节能降耗的目的主要体现在如下几个方面。

1）监控系统站控层网络推荐采用 DL/T 860 通信协议。换流站建设范围内的交、直流系统通常是合建一个统一平台的计算机监控系统，随着《变电站通信网络和系统》（DL/T 860）系列标准的逐步推广，目前国内已有制造商在换流站监控系统的站控层网络中采用了《变电站通信网络和系统》（DL/T 860）系列标准，这也是今后换流站监控系统的发展方向。监控系统统一采用网络接口和 DL/T 860 通信协议与换流站内的其他各个二次子系统相互交换信息，实现通信的技术条件已逐步成熟，可不再配置接口规约转换设备。

2）直流控制保护系统与直流测量装置之间采用标准的现场总线通信。由于直流控制保护系统技术路线的差异，目前常用的有时分多路总线（time division multiplex，TDM），简称 TDM 总线和 IEC 60044-8 总线。直流测量装置是为直流控制保护系统提供电流量、电压量的测量装置。直流控制保护系统通过直流测量装置提供的数据进行分析判断，采取相应的控制策略和保护功能，保证直流输电系统的安全运行。

早期引进国外技术的换流站工程中，直流控制保护系统与直流测量装置通常采用同一技术路线。当两者采用不同技术路线时，由于两者通信规约的不同，直流测量装置与直流控制保护系统之间通信不能直接接口。"十二五"以来中国南方电网超高压输电公司在解决直流控制保护与直流测量装置技术接口壁垒方面取得很多突破成果，面对采用不同技术路线的直流控制保护和直流测量装置配合，不同供货商提供的测量设备合并单元无法提供标准的通信接口等问题，联合国内设备厂商和设计院做了大量研究工作，研究了以下两种接口解决方案。方案一为在合并单元处增加通信规约转换装置，将直流测量装置的专用通信规约转换成标准的 IEC 60044-8，或者直流控制保护能接受的通信规约；方案二为直接采用能输出 IEC 60044-8 标准通信规约或者直流控制保护能接收的通信规约的远端模块转接，取代直流测量装置自身的远端模块。在溪洛渡直流工程中，西电的光电型直流电流测量装置加装南瑞的远端模块已成功采用了这种接口方案，获得了电力行业的一致好评。

近来随着直流控制保护技术和直流测量设备的全面国产化，目前换流站工程中，可不再单独配置二次通信规约转换装置，将其功能含在合并单元内。合并单元直接接收远端模块的输出信号，并将多个测量装置的采样量汇集并转换为数字量，用符合 TDM 协议或 IEC 60044-8 协议输出，送至相应的控制保护设备，达到节能降耗的效果。

3）统一直流控制保护系统与换流阀的接口。直流控制保护系统与换流阀的接口，就是直流控制保护系统与换流阀配套的阀基电子设备之间的接口。由于换流阀的不同生产厂家均有自身的技术特点，阀基电子设备需要适应换流阀，使得各厂家的阀基电子设备也不相同。不同技术换流阀和直流控制保护系统之间的接口就相对复杂，有时需要增加信号转换模块才能完成接口工作，实现信号格式的转换和总线规约的转换。该接口转化装置需按直流控制保护系统的冗余度配置。

随着国内直流工程技术的逐步完善，完成了直流控制保护系统和换流阀设备间的信号转换装置国产化，统一了通信接口的方式，突破了国外设备厂商人为造成的技术壁垒，避免因为技术问题在设备招标方面受制于某单一国外设备厂商，在工程造价方面掌握主动权，取得了重大的社会经济效益。

（3）自动化水平提高减员增效。

换流站内所有交、直流电气设备的监视、测量、控制等功能均由计算机监控系统实现，同时直流控制保护系统发展到今天，其包含的二次子系统已由各个相互比较独立、功能单一的设备，集成为一个功能全面、联系紧密、结构紧凑的系统。直流控制保护系统的更加先进、可靠，人机界面更加智能、友好，保证了直流输电系统的稳定运行，减轻了运维人员的工作负担，将运行人员从繁琐的运行操作和维护检修工作中解放出来，基本无须人工干预。对于换流站运维人员而言，高度集成自动化的直流控制保护系统对于减少人力和成本效果显著。

直流控制保护系统技术的不断优化，基于各种不同工况情况下的设备程序控制和实时保护已经在多个直流输变电项目现场得到验证。按照预先设置的逻辑顺序，直流控制系统对直流站控、交流站控和站用电控制自动操作运行，直流保护系统对全站交、直流设备全面、实时的保护，即使遇到异常情况控保系统也能第一时间给予正确的应对措施，这样换流站内需要人工实时监视和干预的情况逐步减少。直流输电系统可以由启动和停运程序自动完成一系列顺序控制，基本的程序控制操作包括系统正常启动/停运、换流器解锁/闭锁、极或换流器连接/隔离、直流滤波器连接/隔离、金属回线/大地回线相互转换、直流线路故障再启动等。

鉴于换流站数量庞大的运行设备，以前需要大量运行人员值守，监视换流站设备的运行工况并随时准备人工操作应对突发状况。按照常规管理模式，早期每个高压直流换流站配置运行人员 20 人，其中值班员 15 人（5 人一值），技术管理人员 5 人；每个特高压直流换流站配置运行人员 32 人，其中值班员 27 人（9 人一值），技术管理人员 5 人；目前高压换流站按每站值班员 9 人（3 人一值）、技术管理人员 3 人配设，特高压换流站按每站值班员 15 人（5 人一值）、技术管理人员 4 人配设。

可见随着计算机监控系统的自动化水平逐步提高和大量采用了顺控技术，换流站运行人员配置至少可减编 8～13 人，如按每人需支出的工资、保险、福利等综合费用 15 万/年来计算，每年可节省人力成本 120 万～195 万元。当前直流控制保护系统都是按照"有人值班"模式配置，在技术日趋进步和管理日趋完善的情况下逐步向"少人值班"甚至"无人值班"过渡，减员增效和低碳节能的效果将更为显著。

（二）二次辅助系统节能

1. 二次辅助系统的构成及特点

二次辅助系统是相对于生产主系统而言的，它是运行人员管理换流站的重要辅助手段，对于换流站的生产运行也具有重要作用。换流站二次辅助系统主要包括站用直流及交流不间断电源系统、图像监视及安全警卫系统、环境监测系统、火灾报警系统、阀厅红外测温系统、设备状态在线监测系统、时间同步系统等。

换流站的辅助系统牵涉的专业面广泛，设备供货厂商繁多，技术水平参差不齐，与交流变电站相比，其包含的内容更丰富，各设备之间的接口也更复杂。早期建成的换流站二次辅助系统大多彼此功能独立、相互间联系较少，仅能为运行人员提供有限的参考依据，并不具备自动处理辅助系统相关事件的能力，各辅助系统间无闭环联动控制功能，或者需要几个分别负责不同辅助系统的运行人员协调后通过手动实现，对辅助系统事件的处理效率低、决策方案随机、误操作可能性较高，对于辅助系统误操作的后果，虽然不像生产系统一样有严重影响，但也会妨碍辅助功能的实现，为换流站的日常运行带来诸多不便。

因此配置合理和完善的二次辅助系统能有效保证生产主系统的可靠运行，提升换流站的整体智能化和运行管理水平，提高运检人员的工作效率，节约换流站设备维护成本。国内换流站中二次辅助系统的应用，经历了设备配置从少到多、子系统从分散到集成、设备技术水平从落后到先进的逐步发展完善的历程。

2. 二次辅助系统的节能措施

（1）建立一体化辅助监控系统。

随着运维要求的提高和低碳工业发展的需要，换流站二次辅助监控系统需要进一步的发展和整合，而技术的进步也为换流站二次辅助监控系统的发展提供了可靠的技术保障。根据目前的状况和技术发展趋势，全站可配置 1 套一体化的辅助监控系统，整合图像监视系统、安全警卫系统、环境监测系统、红外测温系统等二次辅助系统。一体化辅助监控系统按照系统一体化、构架层次化、配置规范化的原则，搭建基于 DL/T 860 标准的统一平台，对各辅助子系统的进行整合。对子系统内部的通信规约不作要求，但站层设备间的通信协议满足 DL/T 860 标准。

建立换流站一体化智能辅助监控系统，搭建统一的智能辅助控制系统平台，各二次辅助子系统不再设置各自独立的后台设备，不但能节能降耗，节省成本，还便于实现各二次辅助子系统之间的智能联动控制功能，以及实现统一视频监视、智能视频分析、信息采集汇总、远程控制等高级应用功能，使换流站辅助监控系统的信息更加完整有序，辅助功能更加完善，生产运行更加安全。

（2）建立设备状态综合在线监测系统。

换流站内各设备的正常运行是直流输电系统安全稳定运行的基础，换流变压器等主设备造价昂贵、检修复杂，一旦发生故障可能造成巨大的经济损失，通过监测各设备当前运行状态来评估其健康状况，对于制定状态检修策略有重要意义。目前换流站通常为换流变压器、降压变压器和油浸式电抗器配置油色谱在线监测，为高压组合电器（GIS/HGIS）配置 SF_6 气体压力和局部放电在线监测，为金属氧化物（MOV）避雷器配置动作次数和泄漏电流在线监测等。早期的换流站各类设备状态在线监测系统均独自配置各自的前端采集装置、监测处理装置（IED）和后台分析系统，设备配置重复浪费，也不利于运维管理水平的提高。

随着运维要求的提高和低碳工业发展的需要，有必要全站设置 1 套设备状态综合在线监测系统，采用统一的状态监测后台系统，实现各类设备状态监测数据的汇总与分析，取消各在线监测系统自身后台设备配置。设备状态综合在线监测系统是一个全局状态信息的数据库，一个设备状态信号的发布平台，也是故障诊断、运行和检修维护的咨询管理平台，可充分发挥信息融合的优势，消除信息孤岛，有利于提高设备在线监测诊断水平。

同时在换流站配置设备综合在线监测系统后，可以根据设备的运行情况适时提供维护和检修，可以有效地增加电力系统设备，特别是一次设备的运行使用寿命。由于换流站内一次设备大多为换流变压器、变压器、断路器、隔离开关等大型设备，在提高设备的运行使用寿命后，可以减少设备的替换，就减少了一次设备的制造，从而减少煤炭、钢铁、铜等一系列资源的消耗，进而减少了设备制造、运输过程中产生的碳排放。

（3）配置全站公用的时间同步系统。

换流站控制保护系统、自动化装置、PMU、安全稳定控制系统、交直流线路故障定位系统等装置均应基于统一的时间基准运行，以满足时间顺序记录、故障录波、实时数据采集等对时间一致性的要求。早期的换流站工程中通常是由引进的直流控制保护厂家配置时间同步系统，其输出的时间信息不满足 PMU、交直流线路故障定位系统等装置对时精度的特殊要求，PMU、交直流线路故障定位等系统通常是使用各自随厂配置的专用对时设备，造成换流站内有多套时间同步系统和无线时间基准信号接收天线，资源重复浪费，既不节能也不节材。

随着对时技术和设备的升级，时间同步系统精度已经可以满足这些特殊系统的需求，因此全站可以配置 1 套公用的时间同步系统，用于接收外部时间基准信号，并按照要求的时间精度对外输出时间同步信息，为换流站所有被授时系统或设备提供全站统一的时间基准，使各系统或设备在统一的时间基准上进行数据比较、运行监控及事故后的故障分析。

三、辅助系统节能

（一）站用电系统

站用电系统运行损耗是换流站运行损耗的重要组成部分。因此，为降低换流站站用电系统运行损耗，实现低碳运行的目的，有必要开展换流站站用电优化设计，站用变压器容量需根据换流站内实际运行用电负荷并考虑负荷同时率后综合确定。

1. 站用电设计

依据换流站站用电设计技术规定，换流站站用电一般设置 3 路站用电源，其中两路可引自站内电源，一路可引自可靠的外引电源。

以某±800kV 换流站为例，其站用电系统高压部分设 1 台 500/10kV 站用工作变压器和 2 台 35/10kV 站用工作变压器，低压部分设 10 台 10/0.4kV 干式变压器，电源分别取自两台工作站用变压器低压侧母线。10 台 10/0.4kV 干式变压器分别布置于主/辅控楼和站公用配电室，并对站内相应负荷供电。经负荷统计计算，站用电系统 500/10kV 站用变压器容量为 40MVA，35/10kV 站用变压器容量为 10MVA，10/0.4kV 干式变压器容量选用 2000kVA。换流站内各站用电负荷的占比比例如表 3-13 所示。

表 3-13 换流站站用电负荷占比分析表

负荷种类	序号	负荷名称	额定容量（kVA）	负荷占比（%）
P1（计及 0.85 的同时系数）	1	换流阀冷却负荷	2040	24.3
	2	换流变压器负荷	1224	14.6
	3	充电机及通信高频电源负荷	481.1	5.7
	4	站公用供电负荷及其他	1451.8	17.3
		小计 P1	5196.9	61.8
P2	1	空调负荷	2416	28.7
	2	水泵	460	5.5
	3	其他	30	0.4
		小计 P2	2906	34.6
P3	1	照明	180	2.1
	2	其他	124	1.5
		小计 P3	304	3.6
		合计	8406.9	100

依据换流站站用电设计规程规定及直流工程站用电系统设计特点，500/10kV 和 35/10kV 站用变压器容量均按带全站负荷考虑；同时低压侧站用电负荷按阀组分别配置，对应一个 12 脉动阀组的 2 台 10/0.4kV 干式变压器容量按带单个 12 脉动阀组的全部负荷考虑。由于正常运行状态下，站用变压器大多工

况条件下不能满载运行，因此，为降低变压器的运行损耗，实现低碳运行，变压器的选择需尽可能地降低其空载损耗（铁损）及负载损耗（铜损）。常用的换流站站用变压器损耗参数一般按如下选择：

（1）500/10kV 站用变压器：

500/10kV 站用变压器在额定电压、额定频率下，75℃时，且为100%负载、$\cos\varphi=1$ 时，

空载损耗：≤45kW（三相，额定电压下）

负载损耗：≤158kW（三相 40MVA，不包括散热器）

500/10kV 变压器因二次侧容量较小，仅约 10MVA，故变压器正常运行时损耗主要为空载损耗，负载损耗较小。

（2）35/10kV 站用变压器：

空载损耗：≤10kW

负载损耗：≤45kW

（3）10/0.4kV 干式变压器：

空载损耗：≤4.84kW

负载损耗：≤23.7kW

2. 站用电低碳设计

由表 3-13 可以看出，换流站中用电量较大的经常性负荷主要包括换流阀冷却设备、换流变压器冷却负荷、阀厅空调系统、各继电器和控制楼、综合楼的空调用电以及照明负荷等。

换流站中的冷却设备较多，如换流变压器、降压变压器、换流阀冷却设备及其空调系统等。在设计中需对各设备冷却系统提出明确的技术指标，选择高效率、低能耗的冷却设备。同时，换流阀冷却塔在经济性合理的条件下，应尽可能地选用优质产品。

对阀厅空调设备，由于其功率大、时间运行长，用电量较大。因此，合理确定阀厅运行环境、配置空调容量，将有利于减少阀厅空调系统用电，显著节约能源。

继电器、控制室空调系统除了满足运行人员的工作条件之外，还需为大量微电子设备提供适合的工作环境。随着目前电子设备技术的日益成熟，电子设备对环境温度的要求已基本能适应大多自然温度条件，因此，空调系统设计中，暖通专业需事先了解设备需求，综合考虑室内环境温度控制和因环境温度变化引起的相对湿度变化对设备的影响，合理有效地配置空调容量，以节约能源，

实现低碳运行。

对于户内安装的电气设备，正常运行条件下一般可采用自然对流通风散热，尽可能减少机械通风，既利于节能，也能减少维护工作量、降低噪音污染。

对于户外端子箱及设备操作机构箱中的防露干燥加热，应首先考虑采用温、湿自动控制装置以降低设备的经常性能耗。

换流站夜间照明通常采用分层照明。正常巡视时采用低照度的道路照明，设备维护检修时采用局部强光照明。照明采用高光效光源和高效率灯具以降低能耗。

换流站照明系统设计中，为实现低碳设计，可主要采取以下措施：

（1）合理设计照明系统，选用节能型照明产品，采取自动控制功能。

（2）分类分区控制，按需投运用电设施。

（3）按负荷等级采取不同的供电方式。

（4）按工作方式采取不同的供电方式。

（5）合理配置配电线路。

（6）对户外灯具加装补偿电容器，以提高功率因数。

3. 清洁能源利用

换流站中，站用电负荷消耗的能源由站内变压器低压侧、站外引接电源或柴油发电机等提供，减少这些能源的消耗，也即减少二氧化碳的排放。目前，随着太阳能、风能等清洁能源技术的日益发展和应用，未来低碳设计中也可考虑加以采用。

太阳能作为新能源和可再生能源的一种，是取之不尽、用之不竭的洁净能源。开发利用太阳能，对于节约常规能源、保护自然环境具有重要的意义。南方电网所覆盖的地区纬度低，日照强，日照偏角小，是利用太阳光发展光伏发电较为理想的地区。

换流站站区内在不妨碍检修的情况下，可以利用在站区内的部分空置场地以及阀厅、主控楼、辅控楼、综合楼、备品备件库、继电器小室等屋顶安装光伏发电系统作为站用电源之一，利用光伏电池所发的绿色电力为站用电负荷提供部分电能，是高效利用土地资源、降低碳排放、发展低碳经济的有效途径。

目前硅系太阳能电池的发展最为成熟，转化效率也最高，使用最广泛的光伏电池主要包括多晶硅光伏电池和非晶硅薄膜电池两种，在工程应用中多晶硅光伏电池的峰值转化效率约为 14%，非晶硅薄膜光伏电池的峰值转化效率约为 9%。但是薄膜太阳能电池的环境适应性强，弱光、高温及阴影环境下性能高于多晶硅光伏电池，发电能力衰减较小。在相同的环境条件下，每瓦薄膜太阳能电池组件的年发电量要高于每瓦晶体硅电池组件。

换流站内采用并网型光伏发电系统，该类发电系统中的光伏电池所发电力直接提供给站内负荷使用，使光伏发电系统所发的绿色电力能够全额消纳。该类供电方式可以降低部分站用变压器容量，节省工程投资，减少能量损耗。因此，换流站内采用并网型光伏发电系统投资最省、发电效率最高。

光伏发电系统由太阳能电池方阵、并网逆变器和交流配电柜等设备组成，接入站用电 380/220V 工作段母线，为站用电负荷供电。

对于小容量的光伏发电控制系统，通常采用控制器和逆变器集成一体化的系统，全面控制整个系统的运行。

太阳能光伏发电系统的利用效率与安装地点的气象条件关系密切，以太阳能光伏发电在某工程中的应用为例进行分析。该项目处于低纬度，属于中亚热带季风气候。年平均气温为 18.9℃。全年风向以偏北风为主，平均风速为 2.2～2.7m/s。年平均日照时数为 1670h。该地区全年各月辐射强度如表 3－14 所示。

表 3－14　　　　　　某工程各月平均每天太阳辐射强度　　　　单位：kWh/m²/天

月份	1 月	2 月	3 月	4 月	5 月	6 月	7 月	8 月	9 月	10 月	11 月	12 月	平均值
22 年平均值	1.87	2.04	2.40	2.99	3.45	4.04	4.84	4.26	3.74	3.00	2.98	2.53	3.18

假设该站采用非晶硅薄膜光伏发电系统，装设 50kWp 的薄膜光伏发电系统计算，每年可发电 53 600kWh，减排二氧化碳 51t，节能减排效益显著。

随着我国低碳经济的不断发展，换流站的节能规划和管理工作将面临巨大的发展机遇和挑战。"开源"与"节流"并重是节能降耗工作的发展方向，也是建设新型低碳项目的突破口。换流站太阳能光伏发电系统采用清洁的可再生能源，具有不需额外占用昂贵的土地、降低施工成本、在用电地点发电避免或减少了输配电损失等多种优点。光伏发电技术的环境效益显著，所发的电力为零排放。利用换流站的空余场地或建筑物屋面安装光伏发电系统，将自然能源转化为可以利用的电能，使土地的综合利用效率最大化，代表了低碳经济的发展方向，具有重要的社会意义。

（二）暖通空调节能

1. 暖通空调系统

换流站各建筑物设置暖通空调系统的目的是为设备提供正常运行所需的温湿度环境以及为运行人员提供良好的工作和生活条件。

位于集中供暖地区的换流站所有建筑物均设有供暖设施，其他地区的换流站冬季有人工作、值班和休息的房间以及冬季有温度控制要求的工艺设备间设有供暖设施或利用空调系统维持室内温度。换流站供暖大多采用分散式电热供暖方式，供暖设备主要包括壁挂式电取暖器、电热暖风机、电热风幕机等。具备条件的换流站也可设置集中热水供暖系统，供暖设备主要包括电热（燃气）锅炉、暖气片、热水型暖风机、热水型风幕机等。

换流站阀厅温湿度及微正压控制可采用通风方案，一般采用机械进风、机械排风方式，通风设备通常选用离心风机。阀厅温湿度及微正压控制还可采用全空气中央空调方案，空调设备通常选用风冷冷（热）水机组、组合式空气处理机组及冷冻（热）水循环水泵等辅助设备。

控制楼交流配电室、蓄电池室、阀冷设备间等电气设备间设有机械通风系统，通风设备一般选用轴流式风机。控制楼电气设备间、通信设备间和控制室等设有集中空调系统，集中空调系统如采用全空气或空气—水系统，空调设备通常选用风冷冷（热）水机组、组合式空气处理机组、风机盘管及冷冻（热）水循环水泵等辅助设备；集中空调如采用多联空调系统，空调设备主要包括风冷式空调室外机以及各种型式的空调室内机。当辅控制楼工艺设备间较少，体量较小时，空调系统可选用风冷分体式空调机。

其他辅助生产或附属生产建筑物机械通风均选用轴流风机，空调系统大多选用风冷分体式空调机。综合楼、继电器小室等也可采用多联空调系统。

建筑物的总能耗中，暖通空调系统的能耗占比较高，包括建筑物冷热负荷能耗、新风负荷能耗、风机、水泵等输送设备以及输送管道的能耗。

影响暖通空调系统能耗的主要因素包括室外气象条件、室内设计参数、围护结构、室内人员及照明、室内工艺设备散热、新风负荷等。其他因素包括系统形式、设备选型、温湿度定值、控制方式、运行维护等。

供暖、通风和空调系统的设计应符合 GB 51245《工业建筑节能设计统一标准》及 GB 50189《公共建筑节能设计标准》的规定。

冷、热负荷计算应根据建筑物或房间的围护结构、朝向、楼层、人员和照明、设备的散热和散湿、新风（或通风）量等精确计算，避免大马拉小车的现象。

当围护结构的传热系数不满足有关规范的要求时，应反馈给建筑专业，修改围护结构的设计。

2. 供暖系统节能设计

（1）方式选择：

当站区附近有可利用余热或可再生能源供暖时，应优先采用。

当站区附近有城市供暖热网、区域供暖热网、电厂等外部供暖热源时，宜采用集中热水供暖方式。

对于寒冷或严寒地区的换流站，当技术经济合理时，可设置由电热或燃气锅炉提供热源的集中热水供暖系统。

（2）设备选择：

锅炉、散热器、暖风机、风幕机等应选用传热性能好、热效率高的设备。

单台锅炉的设计容量应保证其长时间以较高效率运行，实际运行负荷率不宜低于50%。在名义工况和规定条件下，燃气锅炉的热效率不应低于 GB 50189《公共建筑节能设计标准》中的规定值。

（3）运行维护阶段的节能措施：

供暖房间温度尽可能设置在下限值，供暖设备应设置温度控制装置，达到调节设备容量、减少运行时间的目的。

设备或管道应定期清洗和维护，包括清除设备或管道内的各种杂质、污垢及其他堵塞物，清扫散热设备外表面的灰尘，定期为轴承或运转部件加注润滑油并校验各类传感器等，达到提高供暖设备运行效率的目的。

（4）其他：

热水系统采用低流速、低摩阻的管道，应尽量减少局部阻力构件，并进行水力平衡计算避免使用阀门节流，以减少管道的阻力，管道应采用保温效果好的绝热材料避免热量的损失，这样可以减低水泵的扬程并降低热媒输送的能耗损失。

3. 通风系统节能设计

（1）方式选择：

当自然通风满足要求时，应优先选用。

阀厅、户内直流场、电气配电室等电气设备间，当通风方式可解决室内降温问题时应避免采用空调方式。

设有空调机进行降温通风的系统应设置可调节的新风口，以便在室外温度降低且焓值低于室内值时，由室内循环风切换至新风，利用室外新风降温。

在蒸发冷却效率达到 80%以上的中等湿度及干燥的地区，可采用喷水蒸发冷却降温，避免使用空调降温。

发热量较大的电气设备如柴油发电机、变压器、电抗器，宜设置局部通风系统直接将设备散热排至室外，达到减少房间通风量的目的。

排热用风机宜设置在热量集聚区。

（2）设备选择：

通风机应选择能效比高的设备，通风机能效应符合 GB 19761《通风机能效限定值及能效等级》中规定的节能评价值。

（3）运行维护阶段的节能措施：

用于排热、排潮和换气通风的通风系统，应配置自动控制装置，采用时间设定和温度上下限设定的控制模式，达到减少通风设备运行时间的目的。

对于排除有害气体的房间，应设置气体浓度检测装置与排风机联锁，当气体浓度超标时开启排风机，浓度降低到一定值后，停运排风机。

设备或管道应定期清洗和维护，包括清除设备或管道内的各种杂质、污垢及其他堵塞物，定期为轴承或运转部件加注润滑油并校验各类传感器等，达到提高通风设备运行效率的目的。

（4）其他：

在空间允许的条件下，风管走向应尽量平直，风管内空气流速尽量取规范要求的下限值并减少弯头和避免使用影响气流顺畅的局部构件，达到减少风管阻力，降低风机能耗的目的。

4. 空调系统节能设计

（1）方式选择：

空调冷源应尽可能利用天然冷源，如地下水，地热埋管，江河湖泊地表水以及太阳能光伏发电制冷等。在技术经济比较合理的情况下，还可采用水蓄冷和冰蓄冷技术。

仅夏季制冷而冬季不供暖的建筑可考虑电力驱动的冷水机组、冰蓄冷或水蓄冷或分散式单制冷分体式空调等供冷方式；仅冬季供暖而夏季不制冷的建筑，可考虑分散式电供暖或集中热水供热方式；既需要季制冷又需要冬季供暖的建筑，可采用上述二种相结合的方式提供冷热源，也可采用空气源热泵、地源热泵、水源热泵方式。

在春、秋季节合适的气象条件下，空调房间应考虑最大限度地利用室外新风降温，从而减少制冷压缩机的运行时间。

设有集中新风供应的建筑，当新风量大于等于 30 003/h 时，应设排风热回收装置，无集中新风供应的建筑，宜设置带热回收功能的双向换气机。

满足运行人员需要的新风系统，在冬夏两季应按最小新风比运行，保持新风在卫生健康的最低值即可。

在具备布置和安装的条件下，空调设备宜多台设备联合运行，便于灵活调节以降低能耗。

（2）设备选择：

空调系统应选择能效比高的设备，风冷分体式空调机应选用符合 GB 12021.3《房间空气调节器能效限定值及能效等级》和 GB 21455《转速可控型房间空气调节器能效限定值及能效等级》中规定的节能型产品（即能效等级 2 级以上）。

单元式空调机组在名义制冷工况和规定的条件下，其能效比（EER）不应低于 GB 19576《单元式空气调节机能效限定值及能源效率等级》中第 2 级的规定值。

多联空调机组在名义制冷工况和规定的条件下，其制冷综合性能系数 IPLV（C）不应低于 GB 21454《多联式空调（热泵）机组能效限定值及能源效率等级》中第 2 级的规定值。

采用电机驱动的冷水（热泵）机组在名义制冷工况和规定的条件下，其性能系数（COP）、综合部分负荷系数（IPLV）不应低于 GB 19577《冷水机组能效限定值及能效等级》中第 2 级的规定值。

（3）运行维护阶段的节能措施：

空调设备采用自动控制和变频控制技术，根据冷热负荷的变化，调整设备的运行台数和设备的出力，控制运行时间。

根据建筑物室内的热湿负荷季节性的变换情况，制订科学合理的运行计划表，在满足室内环境要求的前提下，减小制冷系统的运行时间。

对于满足人员舒适性要求的系统，可在有人进入室内前适当的时间开机，使房间在使用前温度达到要求，在人员离开室内前适当的时间停机，利用系统存储的冷量维持环境温度，直到人员的离开，这样就可以减少设备的运行时间，达到节能的目的。

设备或管道应定期清洗和维护，包括清除设备或管道内的各种杂质、污垢及其他堵塞物，清扫设备外表面的灰尘，定期为轴承或运转部件加注润滑油并校验各类传感器等，达到提高空调设备运行效率的目的。

（4）其他：

空调冷媒输送采用大温差、低摩阻、低流速的管道，合理安排空调水管及风管走向，减少管道长度和局部阻力部件，管网应进行水力平衡计算和避免使用阀门节流的措施较少管道的阻力，管道保温应采用保温效果好的绝热材料以避免冷量或热量的损失。

（三）给排水设备

换流站与给排水相关的耗能设备主要包括水的加压和加热两类，可采用下列措施降低其能耗。

（1）合理选择管材，选用内壁光滑平整、强度高、质量轻、密封性好的优质管材，降低管网的水头损失，进而降低水泵的扬程及功率，达到节能的目的。

（2）生活给水泵采用变频技术，通过变频器平滑地改变异步电动机的供电频率，从而改变电动机转速，调节水泵流量，根据水泵的相似原理，水泵的轴功率将随之变化。利用变频技术，可以在用水量低时，自动调节降低水泵的转速，从而降低电能的消耗，适应换流站生活用水不均匀的特点。

（3）生活给水系统水泵出水管路加装气压罐，以避免水泵在小流量的情况下频繁启动，降低能耗。

（4）采用太阳能热水器，充分利用太阳能作为加热热源，选用太阳能热水器替代传统的电热水器，太阳能集热板及热水箱可布置在建筑物屋面，达到节能的目的。

（四）照明

换流站占地面积较大，站内建筑物众多，作为辅助系统之一的照明负荷也是换流站站用电的主要负荷之一。因此，有必要在换流站内开展照明节能设计，积极采用高效照明光源、灯具和电器附件，以达到节约能源、保护环境和低碳运行的目的。

现阶段，在节能灯具的选择应用方面，LED 照明灯具具有良好的节能效果。各类高效照明光源的性能比较如表 3-15 所示。

表 3-15　　　　　　　　　　各类光源的性能比较表

灯具型式	光源功率	光源光效 （lm/W）	灯具效率 （%）	光通量 （lm）	灯具总消耗 功率（W）	光源使用寿命 （h）
普通格栅灯	T5 三基色荧光灯 2×36W	90	65	4200	86	10 000
普通路灯	150W 高压钠灯	90	60	4860	195	10 000
LED 格栅灯	40W　LED 灯	100	90	3600	44	50 000
LED 路灯	60W　LED 灯	100	90	4860	66	50 000

可以看出，LED 灯具的效率最高，节能利用效果最好，并且使用寿命是普通灯具的 5 倍。

结合低碳节能照明设计的技术经济性考虑，换流站低碳照明光源及灯具可采用如下配置方案：

（1）屋外配电装置区域的照明，其显色性要求不高，工作面积大，选择投光灯具，光源选择高压钠灯。

（2）继电器室、办公室等室内工作生活场所对显色性要求较高、照度要求高，并且对抑制炫光也有较高的要求，但是使用时间并不是很长，所以选择格栅灯具，光源选择 T5 三基色荧光灯。

（3）主控室全天 24 小时有人值班，辅助生产区路灯在晚上一般均需要开启，照明时间长，显色性要求高，可以选用 LED 灯具，充分利用 LED 灯具的节能、长寿命的优点。

（4）气体放电灯所用的整流器均选择电子整流器，电子整流器比电感整流器功耗低 50%以上。

四、建筑节能

所谓建筑节能，通俗来说，就是在建筑材料生产、建筑施工及使用过程中，满足同等需要或达到相同目的的条件下，尽可能降低能耗。

遵循气候设计和节能的基本方法，对建筑规划分区、群体和单体、建筑朝向、间距、太阳辐射、风向以及外部空间环境进行研究后，设计出的低能耗建筑为节能建筑。

（一）建筑热工设计分区

我国幅员辽阔，南北跨越热、温、寒三个气候带，造成了我国不同地域的气候具有明显的差异。针对不同地域气候特点，采取有针对性的建筑节能设计应对策略，不失为有效方法。

GB 50176《民用建筑热工设计规范》从建筑热工设计的角度，根据各地气候特点进行了分区指标划分，提出了相应的设计原则，如表 3-16 所示。

表 3-16 建筑热工设计一级区划指标及设计原则

一级区划名称	区划指标		设计原则
	主要指标	辅助指标	
严寒地区（1）	$t_{min \cdot m} \leqslant -10℃$	$145 \leqslant d_{\leqslant 5}$	必须充分满足冬季保温要求，一般可以不考虑夏季防热
寒冷地区（2）	$-10℃ < t_{min \cdot m} \leqslant 0℃$	$90 \leqslant d_{\leqslant 5} < 145$	应满足冬季保温要求，部分地区兼顾夏季防热
夏热冬冷地区（3）	$0℃ < t_{min \cdot m} \leqslant 10℃$ $25℃ < t_{max \cdot m} \leqslant 30℃$	$0 \leqslant d_{\leqslant 5} < 90$ $40 \leqslant d_{\geqslant 25} < 110$	必须满足夏季防热要求，适当兼顾冬季保温
夏热冬暖地区（4）	$10℃ < t_{min \cdot m}$ $25℃ < t_{max \cdot m} \leqslant 29℃$	$100 \leqslant d_{\geqslant 25} < 200$	必须充分满足夏季防热要求，一般可不考虑冬季保温

一级区划名称	区划指标		设计原则
	主要指标	辅助指标	
温和地区（5）	$0℃<t_{min·m}≤13℃$ $18℃<t_{max·m}≤25℃$	$0≤d_{≤5}<90$	部分地区应考虑冬季保温，一般可不考虑夏季防热

GB 50189《公共建筑节能设计标准》第 3.3.1 条规定 "根据建筑热工设计的气候分区，甲类公共建筑的围护结构热工性能应分别符合表 3.3.1−1～表 3.3.1−6 的规定。当不能满足本条的规定时，必须按本标准规定的方法进行权衡判断"。对我国严寒、寒冷、夏热冬冷、夏热冬暖、温和等 5 个建筑热工设计分区的建筑围护结构热工性能指标提出了明确要求。

（二）建筑节能设计原则

1. 建筑冬季保温设计原则

（1）建筑物宜布置在避风和向阳地段。

（2）建筑物的体型设计宜减少外表面积，其平、立面的凹凸面不宜过多。

（3）严寒地区建筑物的出入口处应设置门斗或热风幕等避风措施；在寒冷地区出入口处宜设置门斗或热风幕等避风措施。

（4）建筑物外窗面积不宜过大，应减少窗户缝隙长度，并采取密封措施。

（5）建筑物外墙、屋顶、直接接触室外空气的楼板和不采暖楼梯间的隔墙等围护结构，应进行保温验算，其传热阻应大于或等于建筑物所在地区要求的最小传热阻。

（6）当有散热器、管道等嵌入建筑物外墙时，该处墙体的传热组应大于或等于建筑物所处地区要求的最小传热组。

（7）建筑围护结构的热桥部位应进行保温验算，并采取保温措施。

（8）严寒地区建筑物的底层地面，在其周围一定范围内应采取保温措施。

（9）建筑围护结构的构造设计应考虑防潮措施。

2. 建筑夏季防热设计原则

（1）建筑物的夏季防热应采取自然通风、窗户遮阳、围护结构隔热和环境绿化等综合性措施。

（2）建筑物的总体布置，单体的平、剖面设计和门窗的设置，应有利于自然通风，并尽量避免主要房间受东、西向的日晒。

（3）建筑物的向阳面，特别是东、西向窗户，应采取有效的遮阳措施。在建筑设计中，宜结合外廊、阳台、挑檐等处理方法达到遮阳的目的。

（4）建筑物屋顶和东、西向外墙的内表面，应满足隔热设计标准的要求。

（5）为防止潮霉季节湿空气在地面冷凝泛潮，建筑物的底层地面宜采取保温措施或架空做法，以及防潮防水措施。

（三）换流站建筑节能

1. 建筑布置节能

换流站站区建筑物一般包括阀厅、控制楼、站用电室、继电器小室、综合水泵房、取水泵房（或深井泵房）、雨淋阀间（或泡沫消防间）、综合楼、检修备品库、专用品库、车库、警传室等。

换流站站区建筑物布置按照工艺要求，阀厅、控制楼宜采用联合布置，其他建筑根据具体条件能联合的尽量联合布置，利用配电装置区中可用场地，尽量不因为建筑物的布置增加站区的征地面积。

辅助生产区建筑物如综合楼、检修备品库、车库、警传室等，应根据辅助生产区的具体场地环境条件，对建筑的外部环境进行合理设计，对现有的微气候环境进行改善，以此来保证建筑节能效果的最佳发挥。

换流站建筑物布置节能可从以下几方面考虑：

（1）合理选择建筑物朝向。

建筑物朝向是指建筑物主立面（或正面）的方位角，一般由建筑与周围道路之间的关系确定。朝向选择的原则是冬季能获得足够的日照，主要房间宜避开冬季主导风向，同时考虑夏季利用自然通风并防止太阳辐射。

在换流站站区总平面布置中，为了充分满足建筑物的保温、隔热、采光、通风等要求，合理选择建筑朝向是一项重要内容。换流站站区建筑物的朝向选择，涉及站址当地的气候条件、地理环境、建筑用地情况等多方面因素，必须全面、综合地进行考虑。

控制楼、阀厅是换流站的主要生产建筑，综合楼是换流站重要的附属建筑物。其中控制楼、阀厅的建筑朝向受站区总平面布置及电气进出线等条件限制比较大，往往不能自主选择朝向，而综合楼在满足节约站区用地指标的前提下，其建筑布置应尽量避免夏季有空调降温需求的房间接受过多的日照、且应争取有人活动的房间冬季得到较好的日照条件、以及天然采光和自然通风条件。

综合楼的建筑朝向选择应主要考虑以下因素：

1）各朝向墙面和房间的日照时间和日照面积。

建筑物墙面上的日照时间，决定墙面接受太阳辐射热量的多少。冬季因为太阳方位角变化的范围小，在各朝向墙面上获得的日照时间的变化幅度很大。

2）墙面接受的太阳直射的辐射热量。

建筑物墙面接受的太阳直射辐射热量除了与日照时间有关外，还与日照时间内的太阳辐射强度有关。

由于太阳直射辐射强度一般是上午低、下午高，所以无论冬季或夏季，墙面所接受的太阳辐射热量均为偏西朝向比偏东朝向稍高一些。

各朝向所获得的太阳辐射热随着季节而变化，它不仅取决于所获得的日照时数，而且与阳光照射时的太阳高度角、阳光对墙面的入射角有关。

3）风向因素。

建筑朝向在考虑日照因素的同时还应注意风向因素，主导风向对冬季室内热损耗程度及夏季室内自然通风影响很大。

根据有关文献资料列出 "全国部分地区建议建筑朝向表"（详见表 3-17），作为换流站综合楼建筑朝向选择参考。

表 3-17　　　　　　　全国部分地区建议建筑朝向表

地区	最佳朝向	适宜朝向	不宜朝向
北京	南偏东 30°以内 南偏西 30°以内	南偏东 45°范围内 南偏西 45°范围内	北偏西 30°～60°
上海	南至南偏东 15°	南偏东 30° 南偏西 15°	北、西北
石家庄	南偏东 15°	南至南偏东 30°	西
太原地区	南偏东 15°	南偏东至东	西北
呼和浩特	南至南偏东 南至南偏西	东南、西南	北、西北
哈尔滨	南偏东 15°～20°	南至南偏东 20° 南至南偏西 15°	西北、北
长春	南偏东 30° 南偏西 10°	南偏东 45° 南偏西 45°	北、东北、西北
沈阳	南、南偏东 20°	南偏东至东 南偏西至西	东北东至西北西
济南	南、南偏东 10°～15°	南偏东 30°	西偏北 5°～10°
南京	南偏东 15°	南偏东 25° 南偏西 10°	西、北
合肥	南偏东 5°～15°	南偏东 15° 南偏西 5°	西
杭州	南偏东 10°～15°	南、南偏东 30°	北、西
福州	南、南偏东 5°～10°	南偏东 20°以内	西

续表

地区	最佳朝向	适宜朝向	不宜朝向
郑州	南偏东 15°	南偏东 25°	西北
武汉	南偏西 15°	南偏东 15°	西、西北
长沙	南偏东 9° 左右	南	西、西北
广州	南偏东 15° 南偏西 5°	南偏东 22°30′ 南偏西 5° 至西	东、西
深圳	南偏东 15° 至南偏西 15° 范围内	南偏东 45° 至南偏西 30° 范围	西、西北
南宁	南、南偏东 15°	南偏东 15°～25° 南偏西 5°	东、西
西安	南偏东 10°	南、南偏西	西、西北
银川	南至南偏西 23°	南偏东 34° 南偏西 20°	西、北
西宁	南至南偏西 30°	南偏东 30° 至南偏西 30°	北、西北
乌鲁木齐	南偏西 40° 南偏西 30°	东南、东、西	北、西北
成都	南偏东 45° 至南偏西 15°	南偏东 45° 至南偏西 30°	西、北
昆明	南偏东 25°～56°	东至南至西	北偏西 35° 北偏东 35°
拉萨	南偏东 10° 南偏西 15°	南偏东 15° 南偏西 10°	西、北
厦门	南偏东 5°～10°	南偏东 20°30′ 南偏西 10°	南偏西 25° 西偏北 30°
重庆	南、南偏东 10°	南偏东 15° 南偏西 5° 北	东、西
旅大	南、南偏东 10°	南偏东 15° 南偏西至西	北、西北、东北
青岛	南 南偏东 5°～15°	南偏东 15°～南偏西 15°	西、北

（2）有效控制建筑体型系数。

建筑体形系数（shape coefficient of building，简写为"S"）是指建筑物与室外大气接触的外表面积（F_0）（不包括地面和不采暖楼梯间隔墙与户门的面积）与其所包围的建筑空间体积的比值（V_0）。

建筑体形系数的计算公式如下：

$$S（建筑体形系数）=F_0（建筑外表面积）/V_0（建筑体积）$$

严寒和寒冷地区公共建筑体形系数应符合表 3-18 的规定。

表 3-18　　　　　　　　　　严寒和寒冷地区公共建筑体形系数

单栋建筑面积 A（m^2）	建筑体形系数
$300<A\leqslant800$	$\leqslant0.50$
$A>800$	$\leqslant0.40$

注　本表来自《公共建筑节能设计标准》（GB 50189—2015）表 3.2.1。

根据现行国家标准《工业建筑节能设计统一标准》（GB 51245—2017）工业建筑节能设计应按表 3-19 进行分类设计。

表 3-19　　　　　　　　　　工业建筑节能设计分类

类别	环境控制及能耗方式	建筑节能设计原则
一类工业建筑	供暖、空调	通过围护结构保温和供暖系统节能设计，降低冬季供暖能耗；通过围护结构隔热和空调系统节能设计，降低夏季空调能耗
二类工业建筑	通风	通过自然通风设计和机械通风系统节能设计，降低通风能耗

注　本表来自《工业建筑节能设计统一标准》（GB 51245—2017）表 3.1.1。

严寒和寒冷地区一类工业建筑体形系数应符合表 3-20 的规定。

表 3-20　　　　　　　　　严寒和寒冷地区一类工业建筑体型系数

单栋建筑面积 A（m^2）	建筑体形系数
$A>3000$	$\leqslant0.3$
$800<A\leqslant3000$	$\leqslant0.4$
$300<A\leqslant800$	$\leqslant0.5$

在夏热冬冷和夏热冬暖地区，建筑体形系数对空调和供暖能耗也有一定的影响，但由于室内外的温差远不如严寒和寒冷地区大，尤其是对部分内部发热量很大的建筑，还存在夜间散热问题，所以不对体形系数提出具体的要求，但也应考虑建筑体形系数对能耗的影响，根据各地区具体的要求进行控制。

控制或减少建筑体形系数主要有以下措施：

1) 适当减少建筑面宽、加大建筑幢深。

建筑幢深是指建筑物沿纵向轴线方向的总尺寸。实验数据表明，当建筑物的幢深从 8m 增至 14m 时，其建筑能耗指标将有较大幅度降低，降幅为 11%～

33%（总建筑面积越大，层数越多时，其建筑能耗指标降低越大），其中以幢深从 8m 增至 12m 时指标降低的比例最大；但当幢深在 14m 以上再继续增加幢深时，则建筑能耗指标降低很少，建筑物面积在 2000m² 以下、层数在六层以上时能耗指标还有可能回升。

对建筑物来说，当其层数相同但幢深不同时，随幢深的加大，其传热能耗指标明显降低，具有显著的节能效果。表 3-21 是对两种体量不同的建筑物在四种幢深情况下的能耗指标测定值，从表中可以看出，幢深越大则能耗指标降幅越大，若较大体量的建筑物能配以较大的幢深则效果更好。

表 3-21　　　　　　　四种幢深不同的建筑物传热能耗指标　　　　　　　单位：W/m²

幢深/m	建筑面积 1000m²	建筑面积 8000m²	能耗指标差值
9	41.20	39.98	1.22
10	39.43	38.07	1.36
11	38.01	36.48	1.53
12	36.85	35.23	1.62

2）适当增加建筑层数。

对建筑面积和空间体积相同的建筑物来说，适当增加建筑层数可以减少屋面围护结构面积占整个外围护结构面积的比例，使屋面围护结构能耗占整个建筑外围护结构能耗的比例下降，从而有效降低建筑能耗。定量分析比较方法为：将建筑面积和空间体积相同、层数不同的建筑物进行比较，分别计算该建筑物的体型系数（S），若体型系数越小、则其节能效果越好。

3）适当优化建筑体型。

如前所述，建筑物的体形系数越小、则建筑节能效果越好，建筑物应尽量采用规整的平面形状、简洁的立面造型，减少平面和立面的凹凸变化。

建筑平面布置采用规整的正方形、长方形都是很好的建筑体型。虽然圆形平面属于体型系数最小的建筑平面，但是圆形平面不利于室内布置，因此一般情况下不推荐采用。

几种常用的建筑平面形状与建筑能耗之间的关系详见表 3-22。

表 3-22　　　　　　几种常见的建筑平面形状与建筑能耗关系一览表

平面形状	正方形	长方形	长条形	L 形	回字形	门字形
建筑体型系数（V0）	0.16	0.17	0.18	0.195	0.21	0.25
建筑能耗（%）	100	106	114	124	136	163

（3）合理优化功能用房布置。

中国地理位置位于地球北半球，而太阳位于地球赤道附近，因此建筑日照均以南向日照为主。朝南的房间由于白天受太阳辐射接收热量，夜晚室外环境温度降低散失热量，这种得热和散热现象造成房间的昼夜温差较大。

从建筑物的房间朝向进行比较，朝北的房间由于白天接收太阳辐射十分有限，其得热要比朝东、朝南、朝西三个方向的房间少一些，房间的昼夜温差波幅较小，相对而言，朝北的房间要比朝东、朝南、朝西的房间热环境质量相对稳定。因此，建筑物平面布置和朝向对建筑使用、室内舒适度及建筑能耗（尤其是夏冬两季的建筑能耗）有较大影响，建筑各功能房间应根据各自需求的室内环境进行合理的布置。

2. 建筑围护结构节能

在换流站站区建筑物设计过程中，应通过对建筑外墙、屋面、地面、门窗等围护结构采取适当的保温隔热措施，提高其保温隔热性能、降低建筑能耗。

（1）外墙围护结构节能。

建筑外墙传热面占整个建筑物外围护结构总面积的 50%以上，通过外墙传热所造成的能耗损失巨大。因此，在换流站站区建筑物设计中，增强建筑外墙围护结构的保温隔热性能是一项重要措施。

建筑外墙围护结构节能技术目前主要分为外墙外保温、外墙内保温和外墙夹芯保温等三种方案，对外墙进行保温，无论是外保温、内保温还是夹芯保温，都能够提高冷天气外墙内表面温度，使室内气候环境有所改善。

三种墙体节能技术方案技术比较一览表见表 3-23。

表 3-23　　　　　　　　三种墙体节能技术方案技术比较一览表

技术类型	典型构造做法（由外向内）	主要优点	主要缺点
外墙外保温	1. 现场施工：饰面层（带色聚合物水泥砂浆）+增强层（被覆玻璃纤维网格布或镀锌钢丝网）+绝热层（EPS 板或矿棉板）+结构层 2. 预制带饰面外保温板（例如，嵌有 EPS 板的钢丝网与钢筋增强的水泥砂浆板），用粘挂结合法固定于结构层上	1. 基本上可消除热（冷）桥；绝热层效率高，可达 85%～95% 2. 墙体内表面不发生结露 3. 不减少使用面积 4. 既适用于新建造房屋，也适用于旧房改造，可不影响使用 5. 室温较稳定，热舒适性好	1. 冬季、雨季施工受到一定限制 2. 采用现场施工，对所用聚合物水泥砂浆以及施工质量均有严格要求，否则面层易发生开裂 3. 采用预制板时，对板缝处理有严格要求，否则在板缝处易发生渗漏 4. 造价较高

78

续表

技术类型	典型构造做法（由外向内）	主要优点	主要缺点
外墙内保温	结构层＋绝热层（矿棉板或玻璃棉板或 EPS 板）＋面层（纸面石膏板或无纸面石膏板或 GRC 轻板）	1. 对面层无耐候要求 2. 施工便利 3. 施工不受气候影响 4. 造价适中	1. 有热（冷）桥产生，削弱墙体绝热性；绝热层效率仅 30%～40% 2. 墙体内表面易发生结露 3. 若面层接缝不严而空气渗漏易在绝热层上结露 4. 减少有效使用面积 5. 室温波动较大
外墙夹芯保温	1. 现场施工：结构层中间填入绝热层（矿棉板或玻璃棉板或 EPS 板） 2. 预制复合板（钢筋混凝土中间嵌入绝热层）	1. 施工尚便利 2. 绝热性优于外墙内保温技术，使用功能尚可 3. 用现场施工法，造价不高	1. 有热（冷）桥产生，一定程度上削弱墙体绝热性；绝热层效率为 50%～75% 2. 墙体较厚，影响有效使用面积 3. 墙体抗震性不够好 4. 预制复合板如接缝处理不当易发生渗漏

　　热（冷）桥是外墙围护结构中的钢筋混凝土或金属梁、柱等部位，因其传热能力强，热流较密集，内表面温度较低，冬季采暖期容易造成结露，影响人们生活。常见的热（冷）桥有外墙钢筋混凝土抗震柱、圈梁、门窗过梁，钢筋混凝土或钢框架梁、柱等，因此建筑外墙围护结构节能中应对冷热（冷）桥采取合理措施。

　　从表 3－23 中可以看出，由于外墙外保温技术具有建筑室内温度受室外温度波动影响小、有利于主体结构保护和避免热（冷）桥产生、不占使用面积等优点，因此相对于外墙内保温和夹芯保温而言，外墙外保温技术能够较好地解决这两种保温技术的诸多问题，具有适用范围广、综合投资低、热工性能好、防止墙体冷凝结露、延长建筑结构寿命等优点。

　　目前国内常用的建筑外墙保温系统包括板材保温、浆料保温和自保温等几大体系，几种主要的外墙外保温系统的主要特点详见表 3－24。

表 3－24　　　　　　　　几种主要的外墙外保温系统一览表

序号	分类	主要特点	适用范围
1	膨胀聚苯板（EPS 板）外墙外保温系统	热稳定性好，耐候性好，透气（吸水）性较好，柔韧性较好，界面可黏性较好，抗拉（剪）强度较低，表面平整度较好，防火阻燃性差，高温干燥地区易产生裂变形	各类气候区多层混凝土和砌体结构外墙，高层建筑慎用

序号	分类	主要特点	适用范围
2	挤塑聚苯板（XPS 板）外墙外保温系统	热稳定性好，耐候性好，抗拉（剪）强度高，透气（吸水）性差，柔韧性较差，界面可黏性较差，表面平整度较差，防火阻燃性较差	各类气候区多层混凝土和砌体结构外墙，高层建筑慎用
3	硬质聚氨酯泡沫（PU）外墙外保温系统	热稳定性好，耐候性好，抗拉（剪）强度高，防火阻燃性较差	各类气候区混凝土和砌体结构外墙
4	胶粉颗粒保温浆料外墙外保温系统	防火阻燃性较好，价格低廉，热稳定性较差，粘结强度较低，施工要求高	夏热冬冷地区和夏热冬暖地区混凝土和砌体结构外墙
5	岩（矿）棉板外墙外保温系统	防火阻燃性好，吸水率高，热稳定性较差，耐久性较差	夏热冬冷地区和夏热冬暖地区混凝土和砌体结构外墙

上述外墙保温材料中，膨胀聚苯板（EPS 板）、挤塑聚苯板（XPS 板）、硬质聚氨酯泡沫（PU）等保温材料均为有机材料，其燃烧性能为 B2 级可燃烧标准或 B3 级易燃烧标准，即使加入阻燃剂，膨胀聚苯板（EPS 板）只能达到 B2 级可燃烧标准，挤塑聚苯板（XPS 板）、硬质聚氨酯泡沫（PU）只能达到 B1 级难燃烧标准，无法达到 A 级不燃烧标准；胶粉颗粒保温浆料的燃烧性能可达到 B1 级难燃烧标准；岩（矿）棉、超细玻璃纤维棉等保温材料均为无机材料，其燃烧性能可达到 A 级不燃烧标准。

挤塑聚苯板（XPS 板）外墙外保温建筑构造如图 3-5 所示。

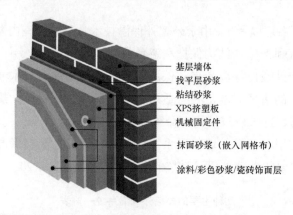

图 3-5　外墙外保温构造示意图

换流站站区建筑物外墙围护结构节能中，应重视外墙保温材料的燃烧性能指标，应优先采用 A 级不燃烧外墙保温材料（岩棉、矿棉板），或选用（地方政策允许时）B1 级难燃烧外墙保温材料。

另外，换流站站区建筑物的数量较多、功能要求也不尽相同，建筑设计应针对建筑外墙围护结构采取相应的节能措施，做到认真分析、合理选择，同时应注意以下问题：

1）对建筑室内热环境质量要求较高、需要通过暖通空调设备进行室内空气调节的建筑物如综合楼、控制楼、继电器小室、站用电室（按工艺要求）等，建筑设计应对这些建筑物的外墙围护结构采取相应的节能技术措施，其墙体保温材料的选择、厚度及构造措施应满足站址当地气候条件对于外墙保温的相关要求。

2）对建筑室内热环境质量要求不高的站区建筑物如生活水泵房、雨淋阀间（或消防泡沫设备间）、消防小室等，可分两种情况分别考虑：

a. 严寒、寒冷、夏热冬冷等地区的冬季室外环境温度低，当换流站位于上述地区时，生活水泵房、雨淋阀间等建筑物室内最低温度如果不能满足设备正常使用所需要 5℃ 以上要求，则应采用电取暖加热方式来维持室内环境温度。为了避免建筑内部热量通过建筑外墙围护结构损耗、节省用电，建筑设计应对建筑外墙围护结构采取相应的保温措施。

b. 夏热冬暖、温和等地区的冬季室外环境温度高，当换流站位于上述地区时，建筑外墙围护结构可不采取保温措施。

（2）屋面围护结构节能。

建筑屋面围护结构按其保温隔热层所在位置分为单一材料保温隔热屋面、外保温隔热屋面、内保温隔热屋面和夹芯保温隔热屋面等四种方案。由于建筑屋面外保温隔热构造具有施工方便、受周边热（冷）桥影响小等优势，成为目前建筑屋面围护结构常用的节能方案。

提高建筑屋面围护结构的保温隔热性能，主要可采用轻质高效、吸水率低或不吸水的可长期使用、性能稳定的保温隔热材料作为保温隔热层，以及改进屋面构造、使之有利于排除湿气等技术措施，具体如下：

1）倒置式屋面。

倒置式屋面是将屋面构造中保温层与防水层位置"颠倒"，将保温层设在防水层之上。由于倒置式屋面采用外保温，保温材料的热阻作用对室外综合温度波首先进行了衰减，使其后产生在屋面重实材料上的内部温度分布低于传统保温隔热屋面内部温度分布，屋面所蓄有的热量始终低于传统屋面保温隔热方式，向室内散热也小，因此是一种较好的屋面围护结构保温隔热方案。倒置式屋面采用轻质、高强、吸水率低的挤塑聚苯板（XPS 板）作为保温隔热层是一种较好的方案，倒置式屋面构造示意图见图 3-6。

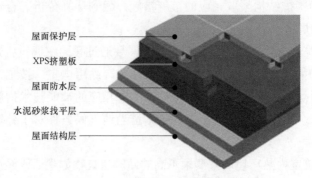

屋面保护层

XPS挤塑板

屋面防水层

水泥砂浆找平层

屋面结构层

图 3-6 倒置式屋面构造示意图

2）坡屋面。

与平屋面相比，坡屋面可以充分利用"烟囱效应"原理，发挥屋面结构空间的保温、隔热、防潮、通风作用；

坡屋面还具有丰富建筑物的立面造型（建筑行业常将建筑屋面称为建筑物的"第五立面"）、能快速排除屋面雨水等优点，缺点是增加了屋面面积，增加土建费用较多，且造成空间浪费。

为了有效减少屋面荷载，建筑屋面应尽量选用轻型建材。

3）架空通风屋面。

架空通风屋面是在屋面设置通风层，利用流动的空气带走热量。由于主要靠风带走热量，此方案多用于女儿墙较低、进深较小的建筑物。

4）种植屋面。

采用草坪、屋面植被进行水平绿化，可有效降低建筑屋面接受太阳得辐射量，对建筑遮阳、降温、节能都有着十分显著的作用；种植屋面除了具有良好的夏季隔热效果外，还有较好的冬季保温效果，保温效果随着土层厚度的增加而增加；此外，种植屋面具有很好的热惰性，不随气温骤升骤降而大幅波动。

在换流站站区建筑物屋面围护结构节能设计时，屋面保温隔热材料的选择、材料厚度及构造措施应满足站址所在地气候条件对于屋面热保温隔热的相关要求。

（3）地面节能。

地面按是否直接接触土壤分为两类，见表 3-25。

表 3-25 地 面 种 类

种 类	所处位置、状况
地面（直接接触土壤）	周边地面
	非周边地面
地面（不直接接触土壤）	接触室外空气地板
	不采暖地下室上部地板
	存在空气传热的间层地板

注 周边地面是指外墙内侧算起向内 2.0m 范围内的地面，其余为非周边地面。

1）地面（直接接触土壤）节能。

在建筑围护结构中，通过地面向外传导热（冷）量约占围护结构传热量的3%～5%。如果建筑物底层与土壤接触的地面热阻过小，地面的传热量就会很大，地面就容易产生结露和冻脚现象。为减少通过地面的热损失、提高人体的热舒适性，必须分地区按相关标准对底层地面进行节能设计。

当换流站位于严寒和寒冷地区时，站区建筑物直接接触土壤的周边地面应采取保温措施，具体方案可为在混凝土地坪的下卧层中铺设挤塑聚苯板（XPS板）作为保温层。此外，夏热冬冷和夏热冬暖地区的建筑物底层地面除保温性能要满足节能要求外，还应采取一些防潮技术措施，以减轻或消除梅雨季节由于湿热空气产生的结露现象。

2）地面（不直接接触土壤）节能。

采暖建筑接触室外空气的地板（如过街楼地板或外挑楼板）、不采暖地下室上部的顶板及存在空间传热的层间楼板等应采取保温措施，使这些特殊部位的传热系数满足相关节能标准的限值要求，保温层厚度应满足相关节能标准对该地区地面（不直接接触土壤）的节能要求。

（4）门窗节能。

门窗是装饰在墙洞中可以启闭的建筑构件。门的主要作用室交通联系和分隔建筑空间；窗的主要作用是采光、通风、日照和瞭望。门窗均属于围护构件，除满足基本使用要求外，还应具有保温、隔热、隔声、防护等功能。

建筑门窗通常是围护结构保温、隔热和节能的薄弱环节，是影响冬、夏季室内热环境和造成采暖和空调能耗过高的主要原因，对建筑能耗影响很大。相关数据显示，通过外墙门窗得失热量占整个外围护结构得失热量的30%～40%左右，其能耗是同等面积墙体的3～4倍。

门窗对建筑能耗的影响主要有两个方面：① 外门窗的热工性能影响冬季采暖、夏季空调室内外温差传热；② 外门窗的玻璃受太阳辐射影响造成的建筑室内得热。

衡量门窗热性能的指标主要包括六个方面：阳光得热性能、采光性能、空气渗透防护性能、保温隔热性能、水密性能和抗风压性能。建筑节能标准对门窗的保温隔热性能、窗户的气密性、窗户遮阳系数提出了明确具体的限值要求。建筑门窗的节能措施就是提高门窗的性能指标，主要是在冬季有效利用阳光，增加门窗的得热和采光，提高保温性能、降低通过窗户传热和空气渗透所造成的建筑能耗；在夏季利用有效的隔热及遮阳措施，降低通过窗户的太阳辐射得热级室内空气渗透所引起空调负荷增加而导致的能耗增加。

在换流站站区建筑物外墙门窗设计中，可采取的节能措施如下：

1）合理控制窗墙比。

窗墙比是指单一朝向外窗（包括透明幕墙）面积和外围护墙体总面积 （含外窗面积）的比值。控制好开窗面积，可以在一定程度上减少建筑能耗。

现行国家标准《公共建筑节能设计标准》（GB 50189—2005）第 4.2.4 条规定："建筑每个朝向的窗（包括透明幕墙）墙面积比均不应大于 0.70。当窗（包括透明幕墙）墙面积比小于 0.4 时，玻璃（或其他透明材料）的可见光透射比不应小于 0.4。"

在换流站站区建筑物设计中，应综合考虑建筑立面造型与外墙玻璃门窗面积之间的关系，合理控制玻璃门窗的面积。

2）提高窗的保温隔热性能。

a. 提高窗框的保温隔热性能。通过窗框的传热能耗在窗户的总能耗中占有一定比例，它的大小主要取决于窗框材料的导热系数。加强窗框部分保温隔热效果有三个途径：选择导热系数小的框材、采用导热系数小的材料截断金属框扇型材的热桥制成断桥式窗、利用框料内的空气腔室提高保温隔热性能。

目前，建筑工程领域节能门窗型材主要包括断桥铝合金型材、钢塑共挤型材、塑料型材、铝木复合型材等产品。

a）断桥铝合金型材。

按国家标准规定，断桥铝合金型材的壁厚应满足以下要求：窗型材主要受力部位的壁厚不应小于 1.4mm，门型材主要受力部位的壁厚不应小于 2.0mm。

用断桥铝合金型材制成的门窗具有 "三性"（抗风压性能、气密性能、水密性能）指标高、保温隔热效果好、隔声效果好、防火性能好、耐腐蚀能力强、结构强度高、耐候性好、使用寿命长、装饰效果好等优点，是高档门窗的首选产品；缺点是价格昂贵。

但由于采用中空玻璃的断桥铝合金的门窗传热系数一般在 2.23～2.94W/（m²·K）之间，比普通铝合金门窗低 40%～70%，其节能效果显著，能节省可观的采暖空调费用，足以弥补前期工程投入。断桥铝合金中空玻璃窗构造如图 3-7 所示。

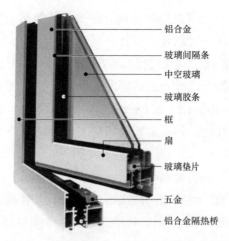

铝合金

玻璃间隔条

中空玻璃

玻璃胶条

框

扇

玻璃垫片

五金

铝合金隔热桥

图 3-7　断桥铝合金中空玻璃窗构造示意图

b）钢塑共挤型材。

钢塑共挤型材是以 U-PVC（硬质聚氯乙烯）微发泡结皮塑料与钢衬复合挤出的门窗型材，也叫结皮微发泡钢塑共挤型材，简称钢塑共挤型材。

采用钢塑共挤可以充分发挥塑料与钢材的各自优势，用钢塑共挤型材制成的门窗具有 "三性"（抗风压性能、气密性能、水密性能）指标良好、保温隔热效果好、隔声效果好、耐腐蚀能力强、不易变形、使用寿命较长、价格较低廉等优点。

采用中空玻璃的钢塑共挤门窗的传热系数一般为 2.54W/（m²·K），与断桥铝合金门窗基本相当。由于钢塑共挤门窗具有价格相对低廉的优势，在多层、高层住宅及其他普通民用建筑中得到了广泛应用。

c）塑料型材。

塑料型材是以 U-PVC 塑料为主要原料制成的门窗型材。该型材与钢塑共挤型材的最大区别为，钢塑共挤型材是以塑料与钢衬复合共挤制成，而塑料型材完全依靠本身的强度、不增加钢衬作为加强构件。

d）铝木复合型材。

铝木复合型材是以铝合金型材作为主要受力构件（承受并传递自重和荷载），并以木材作为外饰面的型材。

按国家标准规定，铝木复合型材的铝合金型材壁厚应满足以下要求：窗型材主要受力部位的壁厚不应小于 1.4mm，门型材主要受力部位的壁厚不应小于 2.0mm。

b. 提高窗玻璃部分的保温隔热性能。玻璃及其制品是窗户的镶嵌材料，单层玻璃的热阻很小，几乎可以忽略不计，可以通过增加窗的层数或玻璃层数，利用窗间或玻璃间的封闭空气间层提高窗户整体保温隔热性能。

此外，窗玻璃种类的选择对提高窗的保温隔热性能也很重要。低辐射镀膜玻璃对波长范围 2.5~40μm 的远红外线有较高的反射比，具有较高的可见光透过率和良好的热阻隔性能；热反射玻璃、吸热玻璃、隔热膜玻璃都具有较好的隔热性能。

普通玻璃一般都不能满足隔热要求，为了提高建筑外门窗的隔热性能，通常选用隔热性能良好的吸热玻璃、热反射玻璃或低辐射玻璃等。几种常用玻璃性能参数详见表 3-26。

表 3-26　　　　　　　　　几种常用玻璃性能参数一览表

玻璃种类	可见光（%）		遮阳系数（SC）	辐射率（%）
	透过率	反射率		
普通玻璃	88~90	4	0.92~0.94	90
吸热玻璃	44~45	40	0.69~0.72	—
热反射玻璃	8~40	12~50	0.23~0.7	40~70
低辐射玻璃	75	14~16	0.47~0.66	8~15

a）吸热玻璃。

吸热玻璃是能吸收大量红外线辐射能、并保持较高可见光透过率的平板玻璃。这种玻璃是在玻璃原料中加入一定量的有吸热性能的着色剂，从而提高了对太阳辐射的吸收率，对红外线的透射率很低。玻璃幕墙应用时能减少阳光进入室内的热量，夏季有利于降低室温，节约空调能耗。

b）热反射玻璃。

热反射玻璃是一种在普通浮法玻璃表面覆上一层金属介质膜以降低太阳光产生的热量，具有较高的热反射能力的透光性的平板玻璃，其遮阳系数约为0.23～0.7。玻璃上的金属介质膜具有银镜效果，因此热反射玻璃也被称为镜面玻璃，即白天能在室内看到室外景物，而室外看不到室内的景象，提供了更好的隐私保护。

热反射玻璃的特点为热反射率高，比如说，6mm 厚浮法玻璃的总反射热仅为 8%，吸热玻璃的总反射热为 40%，而热反射玻璃的总反射热可高达 50%，因此许多建筑物的玻璃幕墙通常采用热反射玻璃制成中空玻璃或夹层玻璃，以增强其隔热性能。

c）低辐射玻璃。

低辐射玻璃又称 Low－E 玻璃，是在玻璃表面镀上由多层银、铜、锡等金属或其化合物组成的薄膜体系，其镀膜层具有对可见光高透过及对红外线高反射的特性，具有良好的隔热性能，由于镀膜层的强度较差，因此一般制成中空玻璃使用。

节能玻璃的发展趋势为吸热玻璃和镀膜玻璃，镀膜玻璃中应用最多的是热反射玻璃和低辐射玻璃。

d）采用保温性能良好的多层玻璃构造。

为了进一步提高建筑外门窗的热工性能，通常将两片（或多片）普通玻璃、镀膜玻璃、吸热玻璃、安全玻璃（钢化、夹层、夹丝玻璃）组合成多层玻璃构造。

多层玻璃构造一般分为中空玻璃和真空玻璃，中空玻璃又可分为普通中空玻璃和低辐射中空玻璃。

i）普通中空玻璃。

普通中空玻璃通常是由两片或多片普通玻璃原片用高强度、高气密性复合粘结剂将玻璃与铝合金框密封条、玻璃条粘接、密封，框内充以干燥剂，空腔充入干燥气体，粘结形成保温、隔热、隔声的空腔玻璃构造。

普通中空玻璃具有较好的保温、隔热、隔声等性能，主要用于需要采暖、空调、降噪、防结露、无阳光直射的建筑中。

ii）低辐射中空玻璃。

低辐射中空玻璃通常是由一片普通玻璃和一片 Low－E 玻璃（膜层向外）组成的空腔玻璃构造。

低辐射中空玻璃对入射能量的透过率为 65%，室内辐射能量损失率仅为 40%，主要用于寒冷且需要大量太阳光透射的地区或夏热冬冷地区。

iii）真空玻璃。

标准真空玻璃是将两片玻璃（一片普通玻璃＋一片 Low－E 玻璃）四周密封，中间抽真空，真空层厚度为 0.1～0.2mm，其中有规则排列的微小支承物用来承受大气压力以保持间隔。

由于真空玻璃消除了气体对流和导热产生的传热，并配之以高性能低辐射膜，传热系数可控制在 1.0W/（m² · K）以内。

c. 提高窗的气密性，减少空气渗透能耗。

门窗户存在墙与框、框与扇、扇与玻璃之间的装配缝隙，就会产生室内为空气交换，从建筑节能的角度讲，在满足室内卫生换气的条件下，通过门窗缝隙的空气渗透量过大，就会导致冷、热能耗增加，因此必须控制门窗缝隙的空气渗透量。

为加强外窗生产的质量管理，根据现行国家标准《建筑外门窗气密、水密、抗风压性能分级及检测方法》（GB/T 7106—2008）和《建筑幕墙》（GB/T 21086—2007）的规定，建筑门窗、幕墙的气密性分级指标如表 3－27～表 3－30 所示。

表 3－27　　　　　　　　门 窗 气 密 性 能 分 级

分级	1	2	3	4	5	6	7	8
单位开启缝分级指标值 q_1 [m³/（m · h）]	4.0≥q_1>3.5	3.5≥q_1>3.0	3.0≥q_1>2.5	2.5≥q_1>2.0	2.0≥q_1>1.5	1.5≥q_1>1.0	1.0≥q_1>0.5	q_1≤0.5
单位面积分级指标值 q_2 [m³/（m² · h）]	12.0≥q_2>10.5	10.5≥q_2>9.0	9.0≥q_2>7.5	7.5≥q_2>6.0	6.0≥q_2>4.5	4.5≥q_2>3.0	3.0≥q_2>1.5	q_2≤1.5

表 3－28　　　　　　建筑幕墙气密性能设计指标一般规定

地区分类	建筑层数	气密性能分级	气密性能指标小于	
			开启部分 q_L [m³/（m · h）]	开启部分 q_A [m³/（m² · h）]
夏热冬暖地区	10 层以下	2	2.5	2.0
	10 层及以上	3	1.5	1.2
其他地区	7 层以下	2	2.5	2.0
	7 层及以上	3	1.5	1.2

表 3-29　　　　　　　　　　　建筑幕墙开启部分气密性能分级

分级代号	1	2	3	4
分级指标值 q_L [m³/ (m·h)]	$4.0 \geq q_L > 2.5$	$2.5 \geq q_L > 1.5$	$1.5 \geq q_L > 0.5$	$q_L \leq 0.5$

表 3-30　　　　　　　　　　　建筑幕墙整体气密性能分级

分级代号	1	2	3	4
分级指标值 q_A [m³/ (m²·h)]	$4.0 \geq q_A > 2.0$	$2.0 \geq q_A > 1.2$	$1.2 \geq q_A > 0.5$	$q_A \leq 0.5$

在换流站站区建筑物设计中，为了减少控制楼、综合楼等建筑物外墙门窗的空气渗透损失，可采用增强外墙门窗气密性的相关措施：外门窗的玻璃与门窗型材、门窗型材与门窗型材、门窗型材与建筑墙体之间的缝隙部位，透明幕墙的玻璃与幕墙型材之间的缝隙部位均应采取密封措施，玻璃与型材之间的缝隙应采用弹性、耐候性好的密封条填塞，门窗型材与建筑墙体之间的缝隙应采用诸如硬质聚氨酯（PU）发泡材料填充，并在缝隙外表面施涂耐候型防水密封胶；控制楼、综合楼经常有人出入的入口门，活动门扇与固定门框之间的缝隙应考虑适当的防风措施。

加强窗户的气密性可采取以下措施：通过提高窗用型材的规格尺寸、准确度、尺寸稳定性和组装的精确度以增加开启缝隙部位的搭接量，减少开启缝的宽度达到减少空气渗透的目的；采用气密条，提高外窗气密水平；改进密封方法，对于框与扇和扇与玻璃之间的缝隙处理，采用三级密封方式；注意各种密封材料和密封方法的相互配合。

（5）建筑遮阳。

现行国家标准《公共建筑节能设计标准》（GB 50189—2015）对位于寒冷、夏热冬冷、夏热冬暖地区的建筑物明确提出了门窗遮阳要求，其原因是部分空调负荷是由于透过玻璃的日照辐射得热所引起的，为了减少日照进入室内的辐射得热，因此应对外门窗考虑必要的遮阳措施。

目前，建筑外门窗遮阳措施主要分为外遮阳和内遮阳两大类，外遮阳又分为固定外遮阳和活动外遮阳，在换流站站区建筑物设计中，应因地制宜地选择建筑外门窗遮阳措施。

1）固定外遮阳。

固定外遮阳主要包括水平外遮阳、垂直外遮阳、综合外遮阳。

固定外遮阳的设置比较简单，系统稳定，造价相对较低。

2）活动外/内遮阳。

活动外/内遮阳是指将具有热反射和绝热功能的织物窗帘、金属或其他型式百叶等遮阳构件布置于室外或室内，采用电动或手动的控制方式来遮挡夏季太阳辐射，降低夏季空调负荷。

对于冬季需要争取南向日照的地区，建筑物不宜设置固定外遮阳，宜设置可调节的活动遮阳，在需要遮挡阳光时能够提供有效遮挡。由于设置活动外遮阳造价相对较高，在选择活动遮阳时可采用中空玻璃窗与活动内遮阳相结合，以达到外门窗的遮阳目的。

在换流站站区建筑物外墙门窗设计中，可采取合理控制窗墙面积比、采用热工性能良好的门窗、采取有效的遮阳措施等技术方案；此外，严寒、寒冷地区综合楼、控制楼的主入口门可采用手动/自动旋转门、红外线自动感应门，以及设置防寒门斗、加装风幕机等方式，以提高防风性能；站用电室、继电器小室等对室内温湿度环境要求较高的建筑物由于室内采用人工照明方式，对天然采光没有特别要求，其外墙可不设采光窗，以减少建筑能耗。

第三节　换流站节地

换流站节地主要从站区电气设备、建构筑物、站区周边支挡设施等方面着手，在满足电气设备工艺流程、建构筑物安全和防火要求前提下，尽量压缩设备、建构筑物相互间距离，以期减少站区用地面积，达到节省土地资源目的。电气设备和功能区的布置主要涉及换流区、直流配电装置区、交流配电装置区、交流滤波器场区；建筑布置包括建筑物、二次设备布置优化设计；站区布置包括站址选择、土石方优化设计、边坡优化设计。本节从以上三个方面介绍换流站节地技术。

一、电气平面布置优化

换流站电气布置设计必须遵循国家及行业有关规程规范和有关技术规定，并根据电力系统条件、自然环境特点和运行、检修、施工方面的要求，合理制定布置方案和选用设备，积极慎重地采用新布置、新设备、新材料、新结构，使配电装置设计做到技术先进、经济合理、运行可靠、维护方便。

换流站内配电装置型式的选择，应考虑所在地区的地理情况及环境条件，因地制宜，节约用地，并结合运行、检修和安装要求，通过技术经济比较予以确定。

换流站电气平面布置由换流区、直流配电装置区、交流配电装置区、交流滤波器区和辅助生产区等部分组成。

换流区布置包括阀厅、控制楼、换流变压器、换流变压器网侧交流进线设备布置。阀厅内除了布置有换流阀外，还布置有穿墙套管、避雷器、接地开关、直流测量装置、管母、支持绝缘子及悬吊绝缘子等电气设备及连接导体。直流配电装置区由直流极线设备、中性线设备、直流滤波器设备及其配套的控制设备、保护开关设备以及其他必要的辅助设备等组成。交流配电装置区主要包括换流站内交流线路、换流变压器回路进线、大组交流滤波器进线、高压站用变压器进线等元件，由开关电器、保护和测量电器、载流导体及必要的辅助设备等组成。交流滤波器区主要由滤波器回路进线开关电器、保护和测量电器、电容器、电阻器、电抗器等设备组成。

辅助生产区一般布置有综合楼、检修备品库、综合水泵房等生产和生活辅助建筑物。辅助生产区的位置需结合各配电装置区布置位置以及进站道路引接等因素综合考虑确定。

换流站电气平面的布置尺寸，是影响换流站设计的重要因素。换流站电气平面布置需结合站址用地、系统规模、线路出线条件及设备选型等多因素综合考虑。总体来说，选择紧凑型设备、优化站区布置方案、规整站址用地外形、节省工程占地及投资，是实现换流站节地和低碳设计的重要理念。

以±800kV普洱换流站为例，电气平面布置各区域占地如表3-31所示。

表3-31　　　　　　　　　普洱换流站各区域占地统计

序　号	区　　域	占　　地	占地百分比（%）
1	换流区（阀厅及换流变压器区域）	320m×132m（4.15ha）	22
2	交流滤波器区	163m×195m＋164m×191m（6.31ha）	33.5
3	直流配电装置区	298m×126m（3.31ha）	17.6
4	交流配电装置区	265m×93.5m（2.48ha）	13.2
5	辅助生产区及其他	2.59ha	13.7
6	电气总平面	18.84ha	100

可以看出，换流站站区总平面布置中，换流区、交流滤波器区等配电装置占地比较大，因此，优化站区布置、实现节地和低碳设计可从对主要的配电装置区域进行优化着手考虑。

1. 换流区布置

换流区布置包括阀厅和换流变压器的布置区域，它是换流站的核心区域。换流区布置应结合电气主接线方案、站址条件、噪音控制要求等方面综合考虑。

以 800kV 特高压直流输电工程换流站为例，一般设置 2 个高端阀厅和 2 个低端阀厅。根据高端阀厅和低端阀厅布置的相对关系，换流区布置可分为"高端面对面、低端背靠背""一字形""L 形"三种布置方式。结合不同的布置方式，换流区主辅控楼的设置亦有所不同。

（1）"高端面对面、低端背靠背"布置方式。

每极高、低端阀厅面对面布置，两极低端阀厅背靠背布置。每个阀厅对应的换流变压器与阀厅长轴侧紧靠并一字排列，换流变压器之间设置防火墙，阀侧套管直接伸入阀厅。

换流变压器上方设置换流变压器进线跨线，该进线跨线兼做汇流母线，接入交流配电装置。

高、低端阀厅间为换流变压器运输和组装场地。为减少组装场地内运输轨道长度并避免交叉，组装场地内的高、低端换流变压器的运输轨道可按共轨布置方式进行设计。

"高端面对面、低端背靠背"布置方式中，主辅控楼一般按"一主两辅"方式设置。每极高端阀厅靠交流配电装置区布置辅控楼，辅控楼内设置高端阀厅对应的阀内冷设备间、380V 低压配电室、阀控制保护室等。两极低端阀厅靠交流配电装置区布置主控楼，主控楼内设置低端阀厅对应的阀内冷设备间、380V 低压配电室、控制室、通信机房、UPS 电源和蓄电池室等。

如图 3-8 所示为采用"高端面对面、低端背靠背"布置方式的布置示意图。

以普洱 ±800kV 换流站为例，换流区采用"高端面对面、低端背靠背"布置方式后，该区域布置尺寸为 320m×101.5m＋298m×30.5m，占地约 4.15 公顷。

（2）"一字形"布置方式。

全站阀厅一字排列，依次为极 1 高端阀厅、极 1 低端阀厅、极 2 低端阀厅、极 2 高端阀厅，每个阀厅对应换流变压器沿阀厅长轴一字排列，换流变压器之间设置防火墙，阀侧套管直接伸入阀厅。

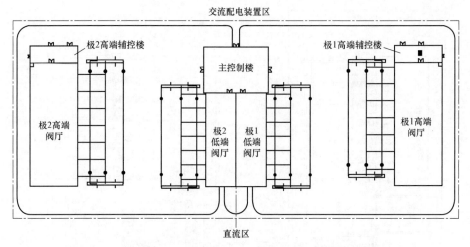

图 3-8 换流区"高端面对面、低端背靠背"布置示意图

根据工程需要可每极设置一个控制楼，即全站控制楼为一主一辅，分别布置在每极的高、低端阀厅之间；也可以每个阀厅设置一个控制楼。

阀厅与交流场之间设置换流变压器运输和组装广场，其布置原则是：双极高、低端全部工作换流变压器可同时组装。

如图 3-9 所示为采用"一字形"布置方式的布置示意图。

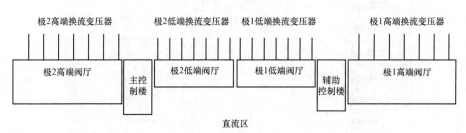

图 3-9 换流区"一字形"布置示意图

以楚雄±800kV 换流站为例，换流区采用"一字形"布置方式后，该区域布置尺寸为 352m×114m，占地约 4.01 公顷。

另外，采用"一字形"布置方案，阀厅、控制楼采用联合布置，目前在国内已建成±800kV 换流站工程中，换流区域建筑物布置组合方案有"一主一辅" 2 幢控制楼（即主控楼及辅控楼）和 4 幢控制楼两种方式。

如图 3-10 和图 3-11 所示分别为分层接入 500kV 和 1000kV 系统的换流站换流区采用"一字形"的两种布置方案。

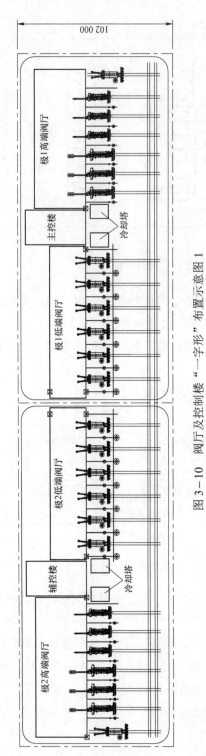

图 3 - 10 阀厅及控制楼 "一字形" 布置示意图 1

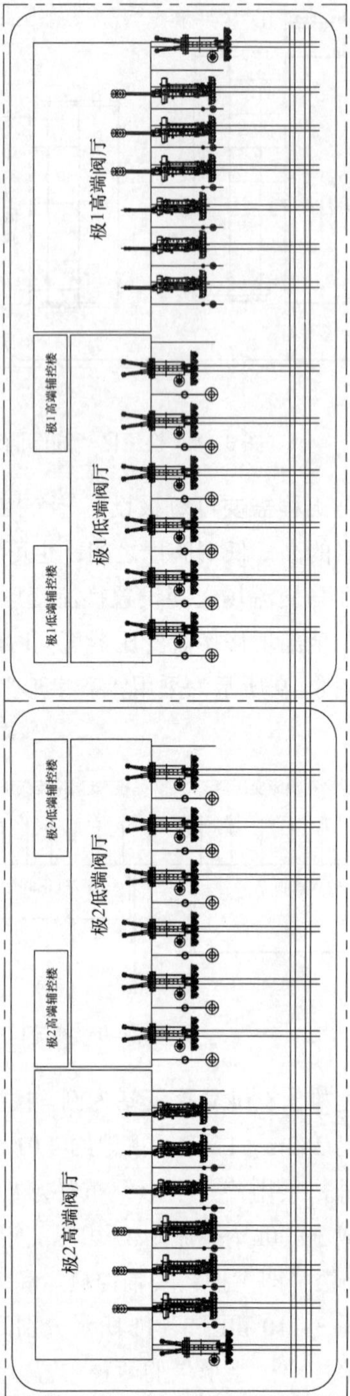

图 3 - 11 阀厅及控制楼 "一字形" 布置示意图 2

图3-10中设置了1幢主控楼和1幢辅控楼,分别布置于极1高端阀厅与极1低端阀厅、极2高端阀厅与极2低端阀厅之间。图3-11中,为了有效利用低端阀厅靠直流场侧的空闲场地,达到压缩换流区域对应的交、直流场占地面积的目的,对换流区域高、低端阀厅及主、辅控楼布置进行设计优化:每幢阀厅均配置1幢辅控楼,布置于极1、极2低端阀厅靠直流场侧的空余场地内。此外,将包括380V/220V交流公用配电室、站公用控制保护及主控制室、辅助用房等功能用房布置在一幢独立的主控楼中,可有效减少换流站的建筑用地面积。

(3)"L形"布置方式。

每极高端阀厅和低端阀厅呈"L"形布置,两极低端阀厅呈"面对面"布置形式,换流单元按"高低低高"排列。极1和极2高端变压器布置于高端阀厅的同侧,极1和极2低端变压器面对面布置。

如图3-12所示为采用"L形"布置方式的布置示意图。

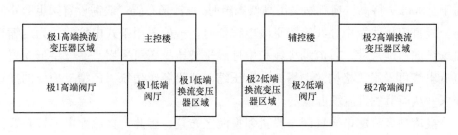

图3-12 换流区"L形"布置示意图

(4)布置方式对比。

以特高压直流输电工程某±800kV换流站为例,换流器单元采用每极双12脉动接线,对比三类换流区布置方案和占地指标,结论如表3-32所示。

表3-32 换流区不同布置方式占地指标对比表

序号	布置方式	布置尺寸(m×m)	占地(ha)
1	高端面对面、低端背靠背	320×101.5+298×30.5	4.15
2	一字形	352×114	4.01
3	L形	280×130.5	3.65

可以看出,三种布置方式中,"L形"方式横向尺寸最小,但纵向尺寸较大;"一字形"方式纵向尺寸较小,但横向尺寸最大;"L形"方式占地面积最小,"高

端面对面、低端背靠背"和"一字形"方式占地基本相当。

因此，对于换流区而言，从优化占地、开展低碳设计的角度出发，采用"L形"布置方式具有一定优势。当然，从技术角度而言，三种布置方式各有其优缺点，如"一字形"方式换流变压器的更换最为方便、"高端面对面、低端背靠背"在限制换流站噪声方面具有明显优势、"L形"布置方式也可在一定程度上限制换流站的噪声传播，因此，具体工程中，采用何种布置方式还需结合其他相关区域布置的特点经技术经济综合比较分析后确定。

2. 直流配电装置区布置

换流站直流配电装置一般采用典型的双极接线方式，直流配电装置布置总体按极对称布置，直流中性线设备和接地极出线设备布置在直流配电装置的中央，直流高压极线设备布置在直流配电装置的两侧。每极直流滤波器布置在直流中性线设备和直流高压极线设备之间。当每极装设 2 组直流滤波器时，每组直流滤波器可单独设置一组隔离开关，也可 2 组直流滤波器共用一组隔离开关。对于±800kV 特高压换流站采用高低阀组时，直流场布置一般需设置阀组旁路回路。极直流极线及中性线设置平波电抗器时，一般采用干式电抗器。为压缩直流场纵向占地尺寸，直流场极线和中性线平波电抗器可采用"品"字形布置。直流出线可采用"格构式"塔架，以压缩出线设备对传统"门型"构架的净距要求，从而节省直流场占地。

换流站直流配电装置区一般紧邻换流区布置，因此，直流配电装置布置需结合换流区布置综合考虑。以特高压直流输电工程某±800kV 换流站为例，换流器单元采用每极双 12 脉动接线，对应前述 3.2.1.1 节中换流区不同的布置方案，对比直流配电装置区对应的三种布置方案和占地指标，结论如表 3-33 所示。

表 3-33 　　　　　直流配电装置不同布置方式占地指标对比表

序号	对应换流区布置方式	直流场布置尺寸（m×m）	占地（ha）
1	高端面对面、低端背靠背	298×62+228×64	3.31
2	一字形	352×24+316.75×92	3.76
3	L 形	280×30+242×62+150×33	2.84

可以看出，三种布置方式中，换流区"L形"方式对应直流场横向尺寸最小，占地面积亦最小；换流区"一字形"方式对应直流场横向尺寸最大，占地面积也最大。

结合换流区布置方案考虑，当换流区采用"L形"布置方式时，换流区和直流配电装置区占地均最小，这对于优化换流站占地、开展低碳设计具有积极的意义。但另一方面，同前述换流区的比较分析，直流配电装置区采用何种布置方式也需结合其他相关区域布置的特点经技术经济综合比较分析后确定。

3. 交流配电装置区布置

（1）组合电器设备的节地应用。

换流站交流配电装置需结合交流场接线、配电装置选型和交流场进出线要求等进行布置，并宜与换流区域布置及换流变压器进线等统筹考虑。近年来投运或在建的换流站交流配电装置一般采用 500kV 电压等级，交流配电装置接线也都采用了一个半断路器接线。交流配电装置一般采用气体绝缘组合电器设备（包括 HGIS 设备或 GIS 设备）。相比常规敞开式设备，组合电器设备具有许多明显的优势，主要表现为其占地面积更小，能实现节能低碳设计的目的。

组合电器设备将断路器、隔离开关、电流互感器、电压器互感器、避雷器等元件均布置于通过 SF_6 气体绝缘的封闭套筒内，GIS 设备还将母线也布置于封闭套筒中。由于 SF_6 气体绝缘要求的安全距离较空气绝缘要求的安全距离小得多，相比采用常规敞开式设备的变电站来说，采用 HGIS 设备或 GIS 设备的变电站占地面积将大幅减少。

下面以裕隆换流站 500kV 选用 GIS 设备和穗东换流站 500kV 选用敞开式设备为例，简要比较两站的 500kV 配电装置占地指标。

如图 3-13 所示为裕隆换流站 500kV 配电装置区域布置图。裕隆换流站 500kV 交流场换流变压器进线 4 回，ACF 大组进线 4 回，500kV 交流本期出线 7 回、备用出线 2 回，均由配电装置串中进线，最终规模形成 8 个完整串及 1 个不完整串。GIS 采用户内、高位斜连形式，GIS 室长 200m，宽 14m。GIS 室至出线侧套管距离 8m；至换流变压器侧套管距离 8m，相应有 2 组母线的布置位置供 GIS 分支母线通过。站内 4 组 ACF 大组进线 GIS 分支母线在两个母线通道均采用上下两层布置，与换流变压器进线 GIS 交叉处，局部有 3 层 GIS 上下布置。全站交流 GIS 配电装置区域占地尺寸约 257.5m×85m，占地面积合计约 2.19ha。

如图 3-14 所示为穗东换流站 500kV 配电装置区域布置图。穗东换流站 500kV 交流场换流变压器进线 4 回，联络变压器进线 4 回，ACF 大组进线 4 回，500kV 交流本期出线 6 回、备用出线 2 回，除 2 回联络变压器由 500kV 交流母线进线之外、其余回路均由配电装置串中进线，最终形成 9 个完整串。500kV 配电装置采用悬挂式管母，瓷柱式断路器三列式布置方式，间隔宽度 28m。全站交流敞开式配电装置区域占地尺寸约 300m×249m，占地面积合计约 5.79ha。

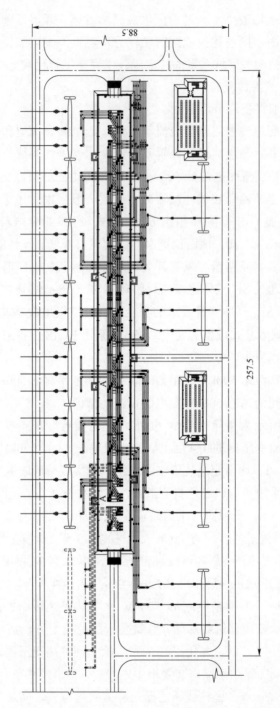

图 3 – 13 裕隆换流站 500kV 配电装置区域布置图

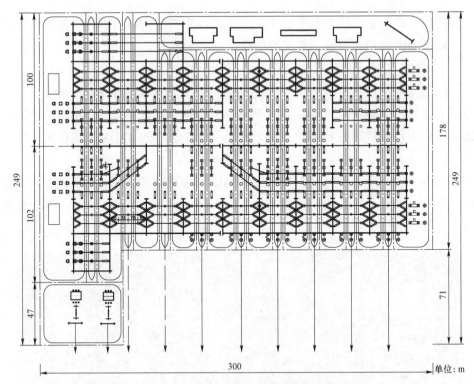

图 3–14　穗东换流站 500kV 配电装置区域布置图

对比两站 500kV 交流配电装置区可以看出，对于两个建设规模基本相当（均为 9 个间隔）的配电装置布置，相比敞开式设备，采用 GIS 设备可节省占地约62%。

因此，结合换流站工程特点及与其他配电装置区的协调统一考虑，优化配电装置占地、实现低碳设计，交流配电装置可采用 GIS 设备。对于 500kV 交流配电装置，GIS 典型布置主要包括断路器单列式布置和断路器一字形布置两大类布置型式。高式斜连断路器单列式布置方案中，GIS 主母线置于 GIS 相线的上部，且呈水平布置。断路器置于母线下方，之间采用斜连母线连接。该布置方式的特点是易于实现交叉接线，出线方向灵活。断路器一字形布置方案的特点是将GIS 主母线分别置于 GIS 断路器设备的两侧，且沿配电装置宽度方向布置；断路器布置于两组母线之间，可通过吊车实现设备的吊装检修。母线采用垂直排列方式，占地较小，配电装置的纵向尺寸较小，但该布置方式对于下层主母线的检修稍有不便。对于国内主要厂家生产的 500kV GIS 设备，高位斜连单列式布置和一字形布置方案配电装置纵向尺寸差别不大，因此，利用单列式布置交叉

99

出线的特点，可令出线方向更加灵活，节省 GIS 分支母线，因此，换流站内交流 500kV GIS 配电装置较多都采用单列式布置方案。

（2）GIS 汇流母线的节地应用。

交流配电装置采用 GIS 设备时，换流变压器或大组滤波器进线一般采用 GIS 母线引接至配电装置。当多组 GIS 母线同一走向、并行布置时，在满足检修要求的基础上，可将两组 GIS 母线上下布置，相应地可压缩 GIS 母线布置尺寸，节省占地。

如图 3-15 所示为某换流站 500kV GIS 母线的布置实例。该实例中，4 组 GIS 母线采用两两并行上下布置的方式，相比 4 组母线并行布置方式，可压缩纵向尺寸约 5m。

图 3-15 换流站 500kV GIS 母线上下布置实例

4. 交流滤波器区布置

由表 3-31 可以看出，换流站交流滤波器区占地较大，因此，优化交流滤波器占地，对于换流站总平面优化、实现低碳设计具有重要意义。

目前，换流站交流滤波器常用的布置方式包括常规"一"字形布置、"田"字形布置和改进"田"字形布置。以某换流站设置 4 大组、19 小组交流滤波器为例，对比分析三种布置方式下的交流滤波器区优化情况。其中，19 小组滤波器由 8 小组 HP12/24、2 小组 HP3 和 9 小组 SC 组成。单组 HP3 滤波器围栏尺寸取 44m×28m，单组 HP12/24 滤波器围栏尺寸取 36m×28m，单组 SC 围栏尺寸取 25m×28m。由此确定三种方式下的交流滤波器区平面布置图，并比较该规模下的交流滤波器区三种布置方案占地情况，如表 3-34 所示。

表 3-34 交流滤波器区不同布置方式占地比较表

项目	常规"一"字形	"田"字形	改进"田"字形
占地	352.5m × 176m（62 040m²）	158.5m × 206m + 145.5m × 176m（58 259m²）	288m × 176m（50 688m²）
占地面积占比	100%	93.9%	81.7%

对比三种不同布置方式交流滤波器区的占地，常规"一"字形占地最大，"田"字形次之，改进"田"字形占地最小。换流站交流滤波器区布置优化时，可结合工程特点及交流滤波器区与其他区域的协调配合，合理选择交流滤波器组的布置方式。

二、站区布置优化

站区布置优化主要是在满足电气功能布置的前提下，根据换流站实际的地形条件，因地制宜，通过站址选择、土石方设计及边坡设计等方面的优化达到换流站节地的目的。

1. 站址选择

节约用地、保护耕地是我国的基本土地政策，换流站站址的优化选择意义重大，站址的优劣直接影响整个工程的投资以及后期工程建设运行的各个方面。

换流站站址选择在满足电力系统、国土、规划、环保、交通、水源、电源及地质条件等方面要求的同时，应优先利用荒地、劣地，不占或少占耕地和林地，尽量避免或减少林木砍伐及植被破坏，尽量减少站区占地及边坡占地。

换流站站址选择难以避免占用耕地时，应根据站址实际情况，通过调整站区总平面布置尽量少占耕地，使站区总平面布置尽量适应地形条件。

2. 土石方设计

换流站站区土石方设计应充分分析站址的外部条件，根据不同站址外部条件因地制宜地进行站区土石方优化设计，尽量减少占地，具体可采取以下措施：

（1）站区总体规划及总平面布置应尽量适应地形条件，对地形复杂的站址，不应单方面考虑总平面布置的规整，在满足工艺要求的前提下，可根据地形设置不规整的站区边界，尽量适应地形，减小边坡高度，减少场地及边坡的占地。

以鲁西背靠背换流站为例，由于站址处地形复杂，冲沟发育，耕地（基本农田）分布零散，局部山体陡峭。为最大限度地减少占用耕地，减小边坡高度及占地，鲁西背靠背换流站总平面布置采取了非常规的布置形式，根据现场实际的耕地分布及地形情况，因地制宜地进行总平面布置优化，灵活的设置站区边界。换流站完全避开了周边的基本农田，只占用了未利用土地和少量的一般农田，并且避让了东侧和南侧的陡峭山体，避免了山体大开挖，节省了边坡占地面积，取得了良好的效果。鲁西背靠背换流站总平面图见图 3-16，航拍图见图 3-17。

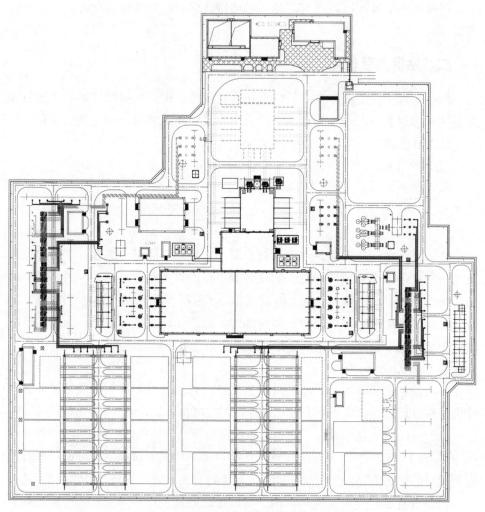

图 3-16 鲁西背靠背换流站总平面图

图 3-17 鲁西背靠背换流站航拍图

（2）站区土石方设计应合理利用自然地形，因地制宜确定场地标高，地形相对平坦地区，在满足工艺布置的前提下，场地坡度宜尽量接近自然地形坡度，避免大挖大填，在减少边坡占地的同时使站址和周边环境更协调；山区丘陵地区，可结合工艺布置，适当采用阶梯式场地设计，减小边坡高度，减少边坡的占地。

以±500kV天生桥换流站为例，由于站址自然地形高差较大，整体呈东高西低，为减少土石方和占地，站内场地设计采用东西方向两级阶梯布置。站区东部为高阶区域，包括阀厅换流变区、交流配电装置区、交流滤波器区及辅助生产区，场地设计标高为913.00m；站区西部为低阶区域，主要为直流配电装置区，场地设计标高为908.00m。两级阶梯高差为5m，虽然由于阶梯的设置使站内增加了支挡设施的用地，但由于边坡高度的降低，边坡用地的节省更为显著，总体评价换流站的用地面积还是节省了，而且土石方工程量也下降了。天生桥换流站阶梯布置图见图3-18，航拍图见图3-19。

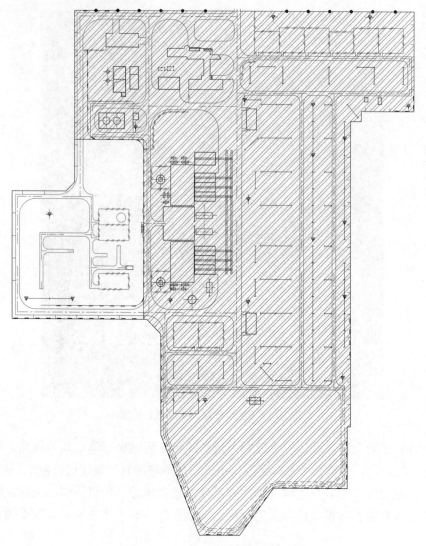

图 3-18   天生桥换流站阶梯布置图
（阴影部分为高阶区域）

3. 边坡设计

减少边坡占地的原则是在确保坡体整体安全稳定的前提下，采用可靠技术手段，尽量优化边坡坡率和支挡设施。如对高填方边坡，可采用土工格栅加筋土挡墙方案，相对其他岩土边坡的支挡和防护方案，加筋土挡墙可显著节省边坡占地和边坡土石方量，而且边坡高度越高经济效益越明显，可显著减少占地面积。加筋挡土墙边坡见图 3-20。

图 3-19 天生桥换流站航拍图

（a）加筋土挡墙（绿化前）

（b）加筋土挡墙（绿化后）

图 3-20 加筋挡土墙边坡

土工格栅加筋土挡墙主要由前端反包筋带、土工格栅及经碾压密实的填料组成。其工作原理是依靠填料与土工格栅之间的摩擦力和嵌固力，形成复合结构，抵抗和平衡墙体及墙后土体的侧压力，从而保证挡土墙的稳定。

与传统边坡支护结构相比，土工格栅加筋土挡墙有以下优势：① 加筋土挡墙属于新材料在支挡结构领域的运用；② 节约用地；③ 墙面采用绿化技术，与周边环境和谐一致，减少对生态环境的破坏；④ 加筋土挡墙是柔性结构，可以建造很高或很陡的挡土墙；⑤ 良好的抗震性能和耐寒性能；⑥ 适应土体自身变形能力强，对地基变形、承载力要求也低；⑦ 施工方法成熟简单，施工速度快。该技术成熟，用途广泛，成本低，具有很好的实用性和经济性，符合国家发展低碳经济的要求。近年来加筋土挡墙在电力系统变电站和换流站站址边坡、公路高边坡中都得到了越来越广泛的应用。

以±800kV 普洱换流站为例，由于站址的西侧紧挨龙潭河，站区西侧高填方边坡用地十分紧张，为节省边坡占地，减少换流站对龙潭河的影响，经过技术经济比较，普洱换流站填方边坡采用了土工格栅加筋土挡墙设计方案，具体设计方案为：

加筋土挡墙从坡顶开始竖向每 8m 设置水平宽度为 2m 的台阶，竖向每隔 50cm 水平铺设一层单向土工格栅底层格栅。坡面反包麻袋，坡角护脚墙采用浆砌块石挡墙。加筋土边坡的加筋体后与边坡底部设置碎石排水层，以保证加筋体后的水能够及时排出。加筋土坡体（面）设置塑料排水矩形盲沟，盲沟内灌密实中粗砂，盲沟与加筋体后碎石排水层相接，进水管口用无纺土工布包裹。

表 3-35 是高填方边坡常用的坡率法方案和土工格栅加筋土挡墙方案的技术经济比较（以±800kV 普洱换流站为例）。

表 3-35   两种填方边坡方案技术经济比较表

方案	填方边坡处理方案	
	土工格栅加筋土挡墙	坡率法
优点	技术先进、安全可靠、施工简便、工期快、节省占地面积、投资省、环保、抗震性能好、建筑高度大	技术安全可靠，施工简便
缺点	不宜雨季施工；不宜用于滑坡、水流冲刷、崩塌等不良地段	施工工程量大、施工周期长、占地较多
工程量	站区填方边坡面积 33 700m²，采用土工格栅加筋结构，共需单向聚乙烯土工格栅 540 000m²，格栅连接棒 36 000m，麻袋 282 000 个，MU30 浆砌块石 2500m³，碎石 30 000m³	1. 站址挖方增加 85 000m³，填方增加 75 000m³。 2. 占地面积增加 26 500m²。 3. 填方边坡面积为 45 000m²，采用钢筋混凝土骨架内植草皮护坡结构。MU30 浆砌块石 3000m³，碎石 35 000m³

续表

方案	填方边坡处理方案	
	土工格栅加筋土挡墙	坡率法
费用	30×540 000+18×36 000+2×282 000+177×2500+ 61×30 000=1969（万元）	1：（8.5+7.5）×48=768（万元） 2：2.65×180=477（万元） 3：4.5×150+0.3×177+3.5× 61=942（万元） 1+2+3=2187万元
费用差额	0	218万元
占地差额	0	26 500m²

第四节　换流站节水

　　换流站用水按照其用途主要分为综合生活用水、生产用水和消防用水三部分。综合生活用水包括站内工作人员生活用水、淋浴用水、冲洗汽车、浇洒道路和站区绿化等用水。生产用水包括换流阀内外冷却循环水系统的补充水、空调系统补充水等。消防用水包括消火栓系统和变压器等油浸设备在火灾时的灭火用水。本节从生产节水、生活节水、消防节水、水资源综合利用几个方面介绍换流站的节水技术。

一、生产和综合生活节水

（一）生产节水

　　换流站阀冷却系统分为内冷却系统和外冷却系统，内冷却系统的功能是通过冷却介质的循环流动不断吸收换流阀的热量并将热量传递给外冷却系统；外冷却系统的功能是利用喷水蒸发或空气强制对流吸收内冷却系统的热量并传递到室外大气。

　　阀内冷却系统目前均利用纯净水作为冷却介质，且为闭式单循环系统，除了稳定水系统压力需要极少量的补充水外，没有其他的水量损耗；阀外冷却系统按照冷却方式不同分为水冷和空冷两种方式，空冷方式依靠风机驱动大气冲刷空冷器的换热管束外表面，使换热盘管内的内冷却水得到冷却，因此空冷方式无须耗水。水冷方式的阀外冷却系统为开式水循环系统，喷淋水泵将水均匀喷洒到冷却塔内高温换热盘管外表面，通过水的蒸发带走内冷却水的热量从而使内冷却水温度降低，冷却塔内的水蒸气则依靠风机从冷却塔顶部排放到大气中，喷淋水的蒸发和风吹飘逸都将导致水量损失，此外，当冷却塔缓冲水池含杂质和盐分较高时，需要排污以保持良好的水质标准防止换热盘管外表面结垢，因此水冷方式的阀外冷却系统需要引接外部水源以补偿蒸发、风吹及排污导致的水量损失。

阀外冷却系统耗水量在换流站工业用水的份额占比较大，为了降低阀外冷却系统耗水量，可采取的措施如下：

（1）室外气候条件、进阀水温满足空冷散热要求时，一般要求站址夏季月平均最高气温低于 35℃，进阀水温高于室外极端最高气温 5℃及以上，阀外冷却系统应尽量采用空冷。

（2）对于夏季短时气温较高的地区，一般是在夏季极端最高气温高于 40℃，平均每年超过 35℃的总时长不超过 500h 的地区，阀外冷却系统应尽量采用空、水冷联合冷却方式，避免采用水冷方式导致耗水量巨大。

（3）采用空冷带冷冻机辅助冷却方式，由于冷冻机也是采用空冷方式散热，因此，此种阀外冷却系统也属于全空冷方式，且不受室外气候条件的制约。

（4）采用水冷方式时，应根据补充水的水质状况选择弃水量少的水处理系统和降低化学药剂的使用量，在满足排放标准和保证喷淋水质的前提条件下，喷淋水的浓缩倍率应尽可能提高以节约用水。

（二）综合生活节水

换流站综合生活用水量主要由规范中规定的生活用水定额、浇洒用水定额、绿化浇灌用水定额等组成。为减少耗水量，可采取以下措施：

（1）合理选用用水定额，按 GB 50015《建筑给水排水设计规范》选用给水用水定额，不超过最高值，缺水地区采用低值。

（2）卫生器具选用带分档冲洗的节水型大小便器、延时自闭式冲洗阀、带滤网的节水型水嘴、节水型淋浴器等，所有器具应满足 CJ 164《节水型生活用水器具》及 GB/T 18870《节水型产品技术条件与管理通则》的要求。

（3）选用各类感应式用水器具，如感应式水龙头、感应式大小便器等，使用完毕后自动止水，避免水资源浪费。

二、消防节水

（一）固定灭火系统节水

国内换流站用于保护变压器等油浸设备的灭火方式主要有水喷雾灭火系统

及合成型泡沫喷雾灭火系统，两种系统的设计要求应符合表 3-36 的规定。

表 3-36　　　　　　　　固定灭火系统设计参数

系统类型	保护面积	供给强度 （L/min/m²）	供给时间 （min）
合成型泡沫喷雾 灭火系统	按变压器油箱本体水平投影且四周外延 1m 计算 确定	8	15
水喷雾灭火系统	除应按扣除底面积以外的变压器外表面积确 定外，尚应包括油枕、冷却器的外表面面积和集油 坑的投影面积	本体 20； 集油坑 6	24

　　根据规范的相关要求，合成型泡沫喷雾灭火系统的用水量远小于水喷雾灭火系统，采用合成型泡沫喷雾灭火系统可达到节水的目的。

（二）消火栓系统节水

　　消火栓系统的消防用水储存在消防水池中，由于长期不用，水质持续恶化，每隔一定周期需进行更换，造成水资源浪费。

　　换流站如有生产用水，可将消防水池与生产水池合建，消防用水可循环使用及补充，防止水质恶化，无须定期更换，达到节水的目的。

三、水资源综合利用

　　换流站的用水及排水特点为：用于冲厕、绿地浇灌、冲洗道路的杂用水水量较大，单靠生活污水无法满足要求，需由雨水进行补充。因此，换流站应将污水回收循环利用技术及雨水回收循环利用技术相结合，优化工艺流程，根据换流站的特点设置一套综合水处理及回用系统，防止污水排至站外造成污染，实现污水和部分雨水的循环利用，达到节水减排目的，提高非传统水源的利用率，最大限度地降低换流站用水量，节约水资源，节省全寿命周期的运行维护成本。

（一）综合水处理及回用系统特点及组成

1. 系统特点

　　（1）无污染：大部分设备为地埋式，无须额外占用场地，且对周围环境无影响，也不产生二次污染，在地面种植绿化植被，可美化环境。

　　（2）生活污水零排放：所有生活污水均集中处理后回用，产生的有机污泥干化后作堆肥使用。

（3）站内杂用水（冲洗地面、冲厕、浇灌、洗车等）基本可利用回用中水，大大降低自来水的使用量。

（4）自动化程度高：可无人值守运行，节约人力资源，并可远程监控。

（5）异味少：污泥池中设立曝气管，整套设备异味相对较少。

（6）噪音小：污水处理系统中，噪声源主要为污水泵、风机，本系统污水泵采用潜水泵，风机采用低转速、低噪声的回转式风机，同时对风机进出风口配置消声器、基座设置隔振垫，经过这一系列措施，噪声可达到二类地区的标准。

2. 系统组成

综合水处理及回用系统主要包括以下几个部分：雨水综合处理系统、生活污水综合处理系统、中水回用系统。

（1）雨水综合处理系统。

雨水综合处理系统主要处理流程为：收集站区雨水并汇流至雨水弃流井中；弃流雨水排入地下雨水管网，弃流后的雨水经截污挂篮装置过滤，自流进入中间水池，由水泵提升至活性高效节能过滤器处理，经在线检测合格后的水进入水池储存，不合格的水回流至调节池重新处理。

（2）生活污水综合处理系统。

生活污水综合处理系统工艺采用较为成熟可靠的"A/O"二级生化处理并加以过滤及消毒的工艺，使其能稳定达标回用，主要设备单元包括：水解酸化池（A级）、接触氧化池（O级）、沉淀池、中间水池、中间水泵、过滤器、消毒池以及污泥消化池、污泥泵等。

（3）杂用水回用系统。

该系统将处理达到杂用水水质标准的雨水和生活污水，利用水泵及管道输送至各杂用水点。

（二）综合水处理及回用系统工艺流程

换流站站内雨水及生活污水采用一体化综合水处理及回用系统进行处理，使其达到杂用水水质标准，并回用于站区冲洗地面、冲厕、冲洗道路、洗车等。一体化综合水处理及回用系统工艺流程图见图 3-21。

该系统设计处理水量为 2.0m³/h，工艺实施按 24h 连续运行或间隙运行进行设计。原水水质参照同类工程生活污水水质、处理后水质满足 GB/T 18920《城市污水再生利用 城市杂用水水质》中的城市绿化用水水质标准的规定，处理后水质比较见表 3-37。

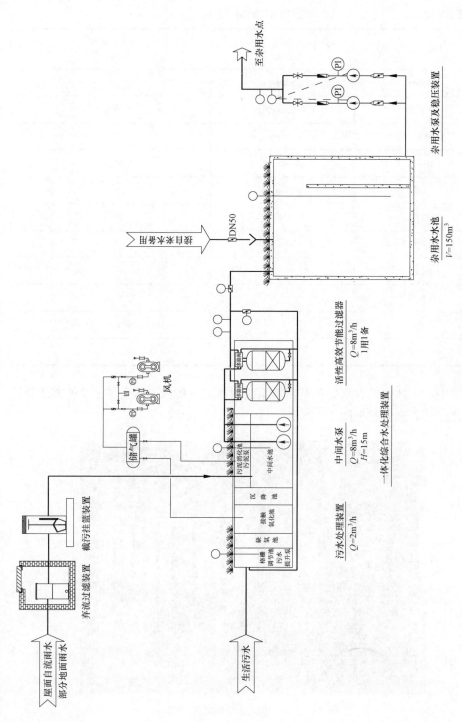

图 3 – 21　一体化综合水处理及回用系统工艺流程图

表 3-37   处理后水质比较

项目	原水 （进水）	处理后水质 （杂用水）
CODcr	≤350mg/L	—
BOD5	≤200mg/L	≤20mg/L
SS	≤200mg/L	—
NH-N	≤30mg/L	≤20mg/L
总磷	≤5mg/L	—
pH 值	6～9	6～9
动植物油	≤40mg/L	—
色度		≤30
溶解性固体		≤1000mg/L
总余氯		接触 30min 后≥1.0mg/L
总大肠菌群		≤3 个/L

其中，一体化综合水处理及回用系统的核心设备为一体化综合水处理装置，一体化综合处理装置见图 3-22。

图 3-22   一体化综合水处理装置

该装置主要单元包括：格栅调节池、缺氧池、接触氧化池、中间水池、过滤池以及污泥消化池等。

经一体化综合水处理及回用系统处理达标的杂用水输送至杂用水水池，通过杂用水泵及稳压装置送至各杂用水用水点（绿化及冲洗道路洒水栓、大便器水箱等处）。

第五节　换 流 站 节 材

换流站节材主要从建（构）筑物和电气设施节材方面着手。建（构）筑物节材包括建筑材料生产环境的节材、建（构）筑物设计环节节材、建（构）筑物施工环节的节材、建（构）筑物垃圾处理；电气设施节材主要包括换流站内大量应用的光/电缆和接地材料的节材。本节主要从采用新型建筑材料、建（构）筑物结构选型和装配式建构筑物介绍换流站建（构）筑物设计环节节材技术，从光缆应用、电缆敷设优化和接地设计优化来介绍换流站电气设施节材技术。

一、建（构）筑物节材

（一）新型建筑材料

1. 新型墙材和节能保温材料的应用

墙体是房屋建筑围护结构中的主要组成部分，新型墙体材料主要是指以非黏土为原料制造的墙体材料，主要是混凝土、水泥、砂等硅酸质材料，有的再掺加部分粉煤灰、煤矸石、炉渣等工业废料或建筑垃圾，经过压制或烧结、蒸养、蒸压等制作成的非黏土砖、建筑砌块及建筑板材。

（1）轻质砌块墙体材料。

轻质砌块墙体材料采用导热系数小、保温隔热性能好的材料来达到墙体传热量小的目的。这类材料主要包括加气混凝土砌块、普通混凝土以及粉煤灰、煤矸石、浮石等混凝土空心小型砌块材料，采用保温砂浆作为砌体胶凝材料。如 390mm 厚的水泥混凝土空心砌块墙体、250mm 厚的加气混凝土砌块墙体其传热系数可以低至 $0.64 \sim 0.83 \mathrm{W}/(\mathrm{m}^2 \cdot \mathrm{K})$，具有较好的保温性能。

（2）复合保温墙体节能材料。

复合保温墙体材料主要由基层墙体（如钢筋混凝土墙、混凝土空心砌砖墙、页岩多孔砖墙等）、外保温材料（粘结层、保温层、保护层、饰面层）等三部分构成。

复合保温墙体是由保温绝热材料与传统的墙体材料（如页岩实心砖、混凝土砌块等）或新型墙体材料（例如页岩多孔砖、混凝土空心砌块等）复合而成的墙体。绝热保温材料是以减少热损失为目的，导热系数小于 0.14W/（m²·K）的材料，按照材料的化学成分可分为无机保温材料和有机保温材料两大类，目前较大广泛使用的有矿棉、岩棉、玻璃棉、聚氨酯抱沫塑料、聚苯乙烯泡沫塑料、膨胀珍珠岩、微孔硅酸钙等主要产品及其制品。

（3）自保温墙体节能材料。

1）混凝土保温砌块。

采用废旧聚苯乙烯泡沫塑料、水泥、增粘剂等为主要原料，采用"三明治"结构工艺来生产混凝土保温砌块，自重轻，保温性能好，强度高，水泥 42.5 级，用量 300kg/m³，增粘剂掺量为水泥质量的 10%，砂子和适量，试块 150mm×150mm×150mm，表观密度 610kg/m³，抗压强度平均值为 3.26MPa，标准差为 0.26MPa，单块最小值为 2.95MPa。

2）钢丝网架岩棉夹芯复合板（简称 GY 板）。

钢丝网架岩棉夹芯复合板（简称 GY 板）采用两层钢丝网片，中间填充半硬质岩棉板，用短的联系钢丝将两层网片焊接连接，组成稳定的半空间网架体系，墙板总厚度在 90～120mm，热阻值在 0.682～0.723m²·K/W。这种板材可用于低层建筑物的外墙和屋面，保温效果好，同时具有防火、抗震、抗冻融循环等优良性能。

3）钢板岩棉夹芯复合板。

钢板岩棉夹芯复合板采用彩色钢板或镀锌钢板做面层，中间夹以结构岩棉做绝热芯材构成的夹层式建筑板材，厚度为 100mm 的彩钢岩棉夹芯板，其传热系数仅为 0.38W/（m²·K）。

2. 高强高性能混凝土

高强高性能混凝土（简称 HS－HPC）是具有较高的强度（一般强度等级不低于 C60）且具有高工作性、高体积稳定性和高耐久性的混凝土（"四高"混凝土），属于高性能混凝土（HPC）的一个类别。其特点是不仅具有更高的强度且具有良好的耐久性，多用于超高层建筑底层柱、墙和大跨度梁，可以减小构件截面尺寸增大使用面积和空间，并达到更高的耐久性。

目前换流站建（构）筑物中普遍使用的混凝土强度等级为 C20～C40。随着换流站建（构）筑物（控制楼、配电装置楼）向总高更高、跨度更大、荷载更大的方向发展，因此对其性能要求也更高。提高工程结构混凝土的强度和性能，它既是混凝土技术发展的主攻方向之一，也是节约能源、资源和材料的重要技术措施之一。以混凝土框架柱为例，若使用一般强度混凝土，为解决高度高、跨度大、荷载大的问题，并满足自身轴压比的要求，则需要增大柱截面面积，而截面面积的增大，往往又容易形成短柱且减小了建筑内使用面积。为解决这一矛盾，途径之一就是使用高强高性能混凝土。

高强高性能混凝土在近几年发展迅速，被运用在国内外许多工程中，是当前土木工程界的一个主要的研究方向。高强高性能混凝土有普通混凝土不具有的优点：强度高、流动性大、早期强度高、耐久性好、相对构件体重小，节材效果显著。但应用中也应当注意高强高性能混凝土有延性差，呈现脆性破坏，耐火性差，高温下强度下降快，生产、施工条件较严格等缺点。通过约束混凝土和加入纤维等方法可以提高高强混凝土构件的延性。综合比较来看，在满足强度要求并有一定的经济效益的前提下，不应盲目追求混凝土的高强度。即便采用了高强混凝土，在选用合适的强度等级上也需进行比较。如对相同的结构，对采用 C60 与 C80 混凝土做比较，用 C60 比 C80 混凝土要节省 10% 的造价。故从目前来看，宜推广 C60 级高强混凝土，以期获得较高的技术、经济效益。

3. 高强钢筋

高强钢筋是指国家标准《钢筋混凝土用钢　第 2 部分：热轧带肋钢筋》GB 1499.2 中规定的屈服强度为 400MPa 和 500MPa 级的普通热轧带肋钢筋（HRB）以及细晶粒热轧带肋钢筋（HRBF）。按 GB 50010《混凝土结构设计规范》规定，400MPa 和 500MPa 级高强钢筋的直径为 6～50mm；400MPa 级钢筋的屈服强度标准值为 400N/mm^2，抗拉强度标准值为 540N/mm^2，抗拉与抗压强度设计值为 360N/mm^2；500MPa 级钢筋的屈服强度标准值为 500N/mm^2，抗拉强度标准值为 630N/mm^2；抗拉与抗压强度设计值为 435N/mm^2。

经对各类结构应用高强钢筋的比对与测算，通过推广应用高强钢筋，在考虑构造等因素后，平均可减少钢筋用量约 12%～18%，具有很好的节材作用。按房屋建筑中钢筋工程节约的钢筋用量考虑，土建工程每平方米可节约 25～38 元。因此，推广与应用高强钢筋的经济效益也十分巨大。

高强钢筋的应用可以明显提高结构构件的配筋效率。在大型公共建筑中，普遍采用大柱网与大跨度框架梁，若对这些大跨度梁采用 400MPa、500MPa 级高强钢筋，可有效减少配筋数量，有效提高配筋效率，并方便施工。

在梁柱构件设计中，有时由于受配置钢筋数量的影响，为保证钢筋间的合适间距，不得不加大构件的截面宽度，导致梁柱截面混凝土用量增加。若采用高强钢筋，可显著减少配筋根数，使梁柱截面尺寸得到合理优化。

应优先使用 400MPa 级高强钢筋，将其作为混凝土结构的主力配筋，并主要应用于梁与柱的纵向受力钢筋、高层剪力墙或大开间楼板的配筋。充分发挥 400MPa 级钢筋高强度、延性好的特性，在保证与提高结构安全性能的同时比 335MPa 级钢筋明显减少配筋量。

对于 500MPa 级高强钢筋应积极推广，并主要应用于高层建筑柱、大柱网或重荷载梁的纵向钢筋，也可用于超高层建筑的结构转换层与大型基础筏板等构件，以取得更好的减少钢筋用量效果。

用 HPB300 钢筋取代 HPB235 钢筋，并以 300（335）MPa 级钢筋作为辅助配筋。就是要在构件的构造配筋、一般梁柱的箍筋、普通跨度楼板的配筋、墙的分布钢筋等采用 300（335）MPa 级钢筋。其中 HPB300 光圆钢筋比较适宜用于小构件梁柱的箍筋及楼板与墙的焊接网片。对于生产工艺简单、价格便宜的余热处理工艺的高强钢筋，如 RRB400 钢筋，因其延性、可焊性、机械连接的加工性能都较差，GB 50010《混凝土结构设计规范》建议用于对于钢筋延性较低的结构构件与部位，如大体积混凝土的基础底板、楼板及次要的结构构件中，做到物尽其用。

4. 预应力混凝土管桩

预应力混凝土管桩可分为后张法预应力管桩和先张法预应力管桩。先张法预应力管桩是采用先张法预应力工艺和离心成型法制成的一种空心筒体细长混凝土预制构件，主要由圆筒形桩身、端头板和钢套箍等组成。

管桩按混凝土强度等级和壁厚分为预应力混凝土管桩（PC 管桩）、预应力混凝土薄壁管桩（PTC 管桩）和预应力高强混凝土管桩（PHC 管桩）。PC 桩的混凝土强度不得低于 C50 砼，PTC 管桩强度等级不得低于 C60，PHC 桩的混凝土强度等级不得低于 C80。目前，PHC 管桩广泛应用于工业及民用建筑。PHC 管桩工程实例如图 3-23 所示。

PHC 管桩适用于地基土质为软土、砂性土、塑性土、粉土、细砂以及松散的不含大卵石或漂石的碎卵石类土，不易穿透较厚的砂土等硬夹层，只能进入砂、砾、硬黏土、强风化岩层等坚实持力层不大的深度。由于施工需要有振动沉桩锤、起重设备等大型机具，因此所需施工场地较大。同时 PHC 管桩不宜用于地震烈度高于 7 度的地区。

图 3-23 PHC 管桩

预应力高强混凝土管桩具有以下优点：① 预应力混凝土管桩产品系列化、市场化，用户根据需要可方便迅捷采购；② 采用离心技术工厂化生产的效率高，成形质量稳定，强度高；③ 采用先张法离心技术生产节约资源；④ 施工周期短、桩长调整较方便，噪声对环境影响小，对环境无污染、无剧烈振动；⑤ 节省钢材和混凝土。因此综上所述，在地震烈度不高和地质条件适合的情况下可采用预应力高强混凝土管桩。

5. 冷喷锌防腐

冷喷锌的是一种新型的高效防腐技术，随着技术的成熟和人们对环保的重视，冷喷锌近年来得到了快速的发展，在许多重点工程中得到应用，取得了良好的社会效益和经济效益。如灵宝背靠背换流站扩建、普洱±800kV 换流站、鲁西背靠背换流站等工程钢结构相继采用冷喷锌防腐技术，并取得很好的防腐效果。

冷喷锌是可在常温条件下实现喷涂纯锌含量在 96%以上的镀层的新型防腐工艺材料。冷喷锌工艺流程如下：钢材前处理—焊缝预涂冷喷锌—喷涂冷喷锌两道—喷涂金属封闭漆一道—检查涂装质量—交验—现场安装—破损修补冷喷锌—整体喷涂金属封闭漆一道。

冷喷锌优点主要有：① 冷喷锌具备镀锌及普通涂料的双重优点，提供阴极保护及屏障保护双重功能，防腐性能优异，可常温便捷施工，将"镀锌"变得如用油漆一样简单；② 有效克服了传统屏障式涂料易形成局部腐蚀的缺陷；③ 冷喷锌施工有效克服热镀锌造成的结构变形、安装困难、摩擦面需重新处理等弊端，常温施工，保证高强度钢结构的安装精度；④ 安全环保，冷喷锌不含甲苯、二甲苯、酮类、氯代烃等毒性大的有机溶剂；⑤ 冷喷锌为单组分材料，无须繁重复杂涂装设备，无特殊涂装环境及工艺要求，比普通富锌涂料的施工性能优异，增加了生产上的灵活性；⑥ 重涂经济性，冷喷锌可有效减少重涂次数。

冷喷锌+有机涂层复合体系、冷喷锌与热镀锌技术经济比较表见3-38，冷喷锌体系与有机涂料体系的技术经济比较表见3-39。

表3-38 冷喷锌+有机涂层复合体系、冷喷锌与热镀锌技术经济比较表

项　　目		冷喷锌+有机涂层复合体系	冷喷锌体系	热镀锌
首次投入	首次防腐材料费用	1500 元/t	1300 元/t	1800~2300 元/t
	安装破损修复	冷喷锌现场覆涂，修复容易，修补处防腐性能一致	冷喷锌现场覆涂，修复容易，修补处防腐性能一致	一般只能采用环氧富锌涂料修补，修复处为防腐薄弱处
使用费用	防腐年限	30 年以上	30 年以上	30 年以上
	周期内防腐维修	免维护	免维护	免维护
社会效益	环保性	无三废	无三废	污染较大，废水废气处理费用较高
	防护特点	考虑了酸雨影响，复合防腐体系结合镀锌与屏障防护优点，防腐年限有保证	考虑了酸雨影响，镀层变色与热镀锌一致	金属锌直接与酸雨接触，在酸雨严重地区，单纯镀锌层防腐寿命有可能缩短

表3-39 冷喷锌体系与有机涂料体系的技术经济比较表

项　　目	冷喷锌防护体系	有机涂料体系
首次涂装理论材料费用（元/m²）	55~64	38~45
重涂年限及方式	30 年免维护	7 年左右必须彻底重涂，30 年使用周期中至少重涂 3 次
重涂费用（元/m²）	免维护	（彻底前处理 15 元+重涂涂料费用 38 元+人工 20 元）×3＝219
30 年使用寿命中防腐材料投入（元/m²）	55~64	257~264
平均每年防腐费用（元/m²）	1.83~2.13	8.56~8.8
备注	表中涂料体系价格参考目前 IP 国际油漆、佐敦、海虹、关西公司产品价格	

通过表3-38 和表3-39 可知，采用新型冷喷锌金属喷涂体系，可大大延长

防腐寿命，较少重涂，同时重涂性能好，减少重涂难度和维修费用，减少维修停工等间接损失，全寿命周期成本费用最低。

（二）建（构）筑物结构选型

建（构）筑物设计是建（构）筑物节材技术系统过程的中间环节，起着承前启后的作用，建（构）筑物节材首先体现在设计方案中。一方面要积极采用前端生产的新型节约型建筑材料，另一方面要优化设计方案，在建（构）筑物结构选型上充分贯彻节材理念。下文将介绍通过换流站主要建（构）筑物结构选型达到节材的目的。

1. 阀厅

（1）柔性直流阀厅为大跨度单层工业厂房，其跨度为 80~85m，通常其屋面结构体系可采用空间网架结构体系以及空间管桁架结构体系。柔直阀厅屋面分别采用空间网架结构体系和空间管桁架结构体系用钢量比较表见 3-40。

表 3-40　　　空间网架结构和空间管桁架结构用钢量和造价比较

屋面结构形式	用钢量		造价比较	
	单位面积用钢量	用钢量比较	单位面积造价	单位面积造价比较
空间网架结构	95.0kg/m²	100%	810 元	100%
空间管桁架结构	110.0kg/m²	116%	924 元	114%

由表 3-40 可知，柔直阀厅屋面采用空间网架结构具有较好的经济性，一方面，由于空间网架结构比较适合接近于 1:1 的柔直阀厅，空间网架结构本体用钢量较低。另外一方面，空间网架结构屋面檩条跨度小，屋面檩条的用钢量也较空间管桁架结构小。因此柔直阀厅结构形式宜采用钢排架柱+空间网架结构体系，钢排架柱作为柔性直流阀厅主承重结构，横向通过空间网架连接形成钢排架结构，钢排架柱纵向通过柱间支撑形成整体框架结构。

（2）±800kV 换流站阀厅可采用的结构型式有三种：① 钢—钢筋混凝土框架剪力墙混合结构：即阀厅与换流变之间防火墙采用框架剪力墙结构，在没有防火墙侧，阀厅采用钢结构柱，横向通过钢屋架联系；② 钢—钢筋混凝土剪力墙混合结构：即阀厅与换流变之间防火墙采用钢筋混凝土剪力墙，在没有防火墙侧、阀厅采用钢结构柱，横向通过钢屋架联系；③ 全钢结构：即钢柱+钢屋架的结构型式，阀厅与换流变之间采用现浇钢筋混凝土防火墙并与钢结构柱脱开布置。以±800kV 穗东换流站高端阀厅为依托，三种结构型式阀厅技术经济比较表见表 3-41。

表 3-41　　　　　　　三种结构型式阀厅技术经济比较表

技术经济指标	钢—钢筋混凝土框架剪力墙混合结构	钢—钢筋混凝土剪力墙混合结构	全钢结构（钢柱和防火墙脱开）
结构优点	1）抗震性能好； 2）钢材量少，混凝土和钢筋量少； 3）对施工工艺要求低，施工周期短	1）多道抗震设防体系，抗震性能好； 2）钢材量少	抗震性能好，结构刚度分布均匀
结构缺点	结构刚度分布相对不均匀	1）结构刚度分布不均匀； 2）混凝土和钢筋量高； 3）剪力墙容易开裂； 4）对施工工艺要求较高，施工周期长； 5）造价较高	1）钢材、混凝土和钢筋量多； 2）剪力墙容易开裂； 3）对施工工艺要求高，施工周期长； 4）造价高； 5）防火性能差
高端阀厅工程量	钢材用量：560t 钢筋混凝土用量：750m³ 240mm 厚填充墙：2150m²	钢材用量：580t 钢筋混凝土用量：1300m³	钢材用量：650t 钢筋混凝土用量：1420m³

由表 3-41 可知：① 钢—钢筋混凝土框架剪力墙混合结构钢材量和钢筋混凝土量最小，对施工工艺要求低，施工周期短，造价最低；② 钢—钢筋混凝土剪力墙混合结构钢筋混凝土量大，剪力墙容易开裂，对施工工艺要求较高，施工周期长；③ 全钢结构钢材量和钢筋混凝土量最大，剪力墙容易开裂，对施工工艺要求高，施工周期长，造价最高。综上所述，±800kV 换流站阀厅宜采用钢—钢筋混凝土框架剪力墙混合结构。

2. 500kV 空间全联合构架

500kV 构架是以承受水平导线拉力为主的结构，在早期工程中，500kV 构架布置通常采用将出线构架、中间跨线门型构架、主变进线构架和母线构架分开布置方案。而 500kV 空间全联合构架型式：即两侧构架柱采用单杆柱代替常规的 A 型柱，中间构架柱采用 A 型柱，两侧构架通过构架梁与中间构架联合在一起，形成全联合受力体系。全联合构架通过在单杆柱和构架梁之间设置钢管支撑，有效地减小了柱顶位移和把水平力传递给中间的 A 型柱，结构受力更合理，降低了构架用钢量、基础混凝土量和防腐工程量，有效降低了工程造价。500kV 交流滤波器场全联合构架实景图见图 3-24。

图 3-24　500kV 交流滤波器场全联合构架实景图

　　±500kV 富宁换流站交流滤波器场构架建设规模为 6 组 4 孔连续门型母线构架，跨度×高度＝（4×30）m×21m，与进线构架联合；10 组双孔连续门型进线构架，跨度×高度＝（28＋31）m×28m，采用空间全联合构架。以±500kV 富宁换流站交流滤波器场空间全联合构架为例（A 方案），并和常规 500kV 构架（构架柱均采用 A 型柱，B 方案）进行经济指标（钢材和基础混凝土）比较。±500kV 富宁换流站交流滤波器场构架透视图见图 3-25，两种方案技术经济指标比较见表 3-42。

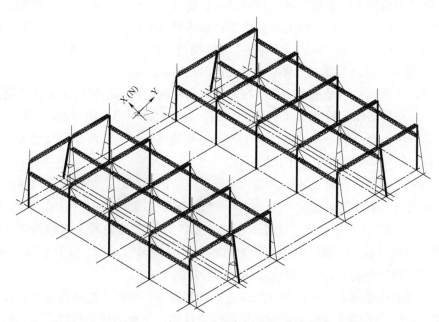

图 3-25　±500kV 富宁换流站交流滤波器场构架透视图

表 3-42 两种方案经济指标比较表

经济技术指标	空间全联合构架 （A 方案）	常规 500kV 构架 （B 方案）	差值（A-B）
钢材量（吨）	653	687	-34
C30 基础钢筋混凝土用量（m³）	1440	1980	-540
工程造价（万元）	653×0.9+1440×0.095= 724.5	687×0.9+1980×0.095= 806.4	81.9

注 1. 表中 500kV 构架基础全部按天然地基考虑，地基承载力特征值按 200kPa 考虑。

2. 钢材材料费 9000 元/吨，C30 基础钢筋混凝土材料费为 950 元/m³。

从表 3-42 可知，富宁换流站交流滤波器场构架采用空间全联合构架，相比于常规 A 型构架，节约钢材 34t，节约基础混凝土 540m³，节省造价 81.9 万元。综合以上分析可知，当两侧构架与中间跨线构架距离不大于 40m，500kV 空间全联合构架结构型式是一种合理、可行、经济的结构型式，建议在以后工程中推广应用。

（三）装配式建（构）筑物

换流站建（构）筑物采用装配式结构，可实现"标准化设计、工厂化加工、装配式建造"的低碳建设理念。装配式建筑的预制构件采用高精度模具生产，其优势在于保证工程质量、降低材料损耗、提高施工速度、降低劳动强度并节省劳动力，符合绿色施工的要求，主要有如下技术特点：设计标准化、生产标准化和集成化、机械化施工、建设速度快、节材降耗、环境污染少。

1. 钢—预制钢筋混凝土装配式防火墙阀厅结构

阀厅是换流站内最重要的建筑物之一，也是控制换流站建设工期的关键路径之一。在抗震设防烈度为 7 度及以下时，阀厅可采用钢—预制钢筋混凝土装配式防火墙混合结构，其通过工厂生产预制和现场装配安装两个阶段建设，可节省施工工期，满足业主对工期的要求。

钢—预制钢筋混凝土装配式防火墙阀厅混合结构型式：即换流变压器防火墙柱采用预制钢筋混凝土柱，防火板采用预制钢筋混凝土板，柱两边留有凹槽，防火板从上往下嵌入安装。在换流变对侧及没有防火墙处采用钢结构柱，横向通过钢屋架联系，钢柱沿纵向设置支撑体系，共同形成框、排架结构体系。钢—预制钢筋混凝土装配式防火墙阀厅照片见图 3-26。

预制梁柱连接采用干式刚性企口连接，钢筋混凝土暗牛腿将连接部位移到离开柱边的一定位置保护节点核心区的受力性能，梁端的剪力可以直接通过牛

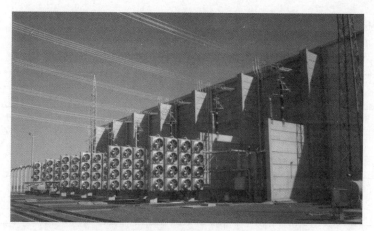

图 3-26　钢—预制钢筋混凝土装配式防火墙阀厅

腿传递到柱子上，梁端的弯矩可以通过梁端和牛腿顶部设置的预埋件传递。预制梁柱干式刚性企口连接见图 3-27。预制柱连接采用钢筋套筒灌浆连接，在金属套管中插入带肋钢筋并通过灌浆料拌合物硬化而实现传力的钢筋连接方式。

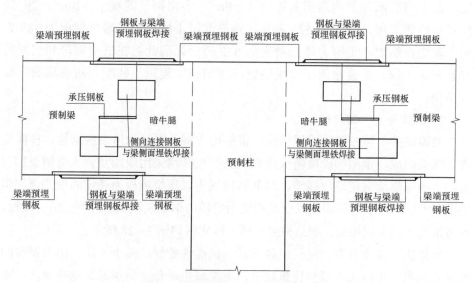

图 3-27　预制梁柱干式刚性企口连接

以某±800kV 换流站高端阀厅为例，当换流变防火墙分别采用预制钢筋混凝土装配式结构、钢筋混凝土框架填充墙、钢筋混凝土剪力墙三种结构型式时，三种结构型式阀厅防火墙施工难度及工期和造价比较表见表 3–43。

表 3–43　　三种结构型式阀厅防火墙施工难度及工期和造价比较表

类别	预制钢筋混凝土装配式结构防火墙	钢筋混凝土框架填充墙	现浇钢筋混凝土剪力墙
施工难度	预制柱分段吊装精度控制和高空作业	模板消耗大；施工速度慢，建设周期长；混凝土外观及内在质量控制难	清水混凝土外观及内在质量控制难；施工速度慢，建设周期长；钢模板制作精度要求高
施工工期	57 天	103 天	104 天
2 个高端阀厅防火墙工程量	预制高强度钢筋混凝土：1420m³	钢筋混凝土（C30）：1000m³；240mm 厚蒸压灰砂砖：1260m³	钢筋混凝土（C30）：2660m³
2 个高端阀厅防火墙费用（万元）	1420×0.370 0＝525	1000×0.2+1260×0.15＝389	2660×0.2＝532

　　由表 3–43 可得以下结论：① 装配式防火墙相比于框架填充墙和混凝土剪力墙，工期节约 45%左右；② 装配式防火墙和现浇钢筋混凝土剪力墙相比，两个高端阀厅节约钢筋混凝土 1240m³。装配式防火墙和钢筋混凝土框架填充墙相比，两个高端阀厅节约蒸压灰砂砖 1260m³，多用钢筋混凝土 420m³；③ 装配式结构防火墙总费用为 525 万元，钢筋混凝土框架填充墙总费用为 389 万元，现浇钢筋混凝土剪力墙总费用为 532 万元。因此对在低地震区和工期特别紧张的工程，换流站阀厅可采用钢—预制钢筋混凝土装配式防火墙阀厅混合结构。

　　2. 钢结构主、辅控楼

　　换流站主、辅控楼采用钢结构，钢结构方案承重结构体系由钢柱、柱间支撑、钢梁组成，钢结构涂刷防火涂料。主控楼外墙采用现场复合压型钢板加保温棉，内部隔墙采用轻质隔墙。楼面结构采用以压型钢板为底模的钢梁现浇钢筋混凝土组合楼板，屋面用以压型钢板为底模的钢梁现浇钢筋混凝土组合楼板，也可采用压型钢板屋面。钢结构主控楼工程实例如图 3–28 所示。

　　钢结构主控楼具有自重轻，强度高、抗震性能好、减少工期，由于钢材的可重复利用，可以大大减少建筑垃圾，更加绿色环保。特别是在寒冷地区，主（辅）控楼的施工有时候是在冬季进行，如采用钢筋混凝土框架结构会存在冬季施工问题，或者由于高寒地区冬季停工，采用钢框架结构，工厂化制作，现场安装，可大大减少主（辅）控楼施工工期。

图 3-28 钢结构主控楼工程实例（灵州换流站）

±800kV 灵州换流站主辅控楼采用钢结构，±800kV 酒泉换流站主辅控楼采用钢筋混凝土框架结构。灵州站与湘潭站主（辅）控楼经济指标对比表见表 3-44。

表 3-44   灵州站与湘潭站主（辅）控楼经济指标对比表

建筑物	±800kV 灵州换流站	±800kV 酒泉换流站
主控楼	基础混凝土梁：470m³； 基础钢筋：49t； 框架梁柱钢结构：733t	基础混凝土梁：640m³； 基础钢筋：68t； 框架梁柱混凝土：925m³； 框架梁柱钢筋：293t
辅控楼	基础混凝土梁：199m³； 基础钢筋：7.5t； 钢结构：218t	基础混凝土梁：305m³； 基础钢筋：22t； 框架梁柱混凝土：372m³； 框架梁柱钢筋：116t

综合以上分析，主辅控楼采用钢结构，可以节省钢筋混凝土和模板工程量，特别对于寒冷地区，可以解决钢筋混凝土框架结构冬季施工问题。因此对在高地震区、寒冷需要冬季施工地区、工期特别紧张的工程，对换流站主（辅）控楼推荐采用钢结构方案。

3. 装配式防火墙

预制钢筋混凝土装配式防火墙结构由预制钢筋混凝土柱、梁和防火板组成。预制梁柱节点焊接或"湿"连接，防火板有预制钢筋混凝土板和挤塑成型水泥板复合外墙两种形式：

（1）防火板采用预制钢筋混凝土板，预制框架柱两边留有凹槽，预制防火板从上往下嵌入安装。预制钢筋混凝土防火板的装配式防火墙见图3-29。

图3-29　预制钢筋混凝土防火板的装配式防火墙

（2）防火板采用挤塑成型水泥板复合防火板：即双层挤塑成型水泥板+防火岩棉组成的复合防火板，预制柱设置预埋件用于固定防火板。挤塑成型水泥板复合防火板的装配式防火墙见图3-30。

图3-30　挤塑成型水泥板复合防火板的装配式防火墙

以某换流站联接变压器防火墙为例，当联接变压器防火墙分别采用预制钢筋混凝土装配式结构、钢筋混凝土框架填充墙、现浇钢筋混凝土三种结构型式时，三种结构型式联接变压器防火墙技术经济比较表见表3-45。

表 3-45   三种结构型式联接变压器防火墙技术经济比较表

类别	预制钢筋混凝土装配式结构防火墙	钢筋混凝土框架填充墙	现浇钢筋混凝土
一面防火墙工程量	预制高强度钢筋混凝土：23.75m³	钢筋混凝土（C30）：7.31m³；240mm 厚蒸压灰砂砖：18.98m³	钢筋混凝土（C30）：38.58m³
造价（万元）	5.12	3.12	6.42

由表 3-45 可知，预制钢筋混凝土装配式结构防火墙和现浇钢筋混凝土防火墙相比较，一面防火墙造价节省 1.3 万元，节约钢筋混凝 14.83m³；预制高强度钢筋混凝土和钢筋混凝土框架填充墙相比较，一面防火墙造价贵 2 万元，节省了蒸压灰砂砖 18.98m³。但预制钢筋混凝土装配式防火墙具有成品质量好、施工周期块、实体强度高、后期免维护等优点，特别是与现浇钢筋混凝土防火墙比，可节省混凝土和钢筋量，可在以后换流站工程中推广应用。

4. 预制钢筋混凝土装配式围墙

由于换流站大多处在相对比较偏僻的地方，而且换流站在降低噪声方面要求较高，因此换流站围墙一般以实体围墙为主。实体围墙目前主要包括砌体围墙和装配式围墙。

砌体围墙砌以筑材料形成的墙体，具有物理力学性能良好、取材方便、生产和施工简单、造价低廉等优点。但是砌体材料也存在以下缺点：强度低、耐久性、抗震性能较差；不便机械化施工，人工成本高，劳动强度大；对作业人员的技术熟练程度要求较高；施工速度慢、周期长，受自然条件影响大；墙体外观质量控制难，墙面易出现裂缝，墙面涂料易变色。

装配式围墙采用钢筋混凝土构件工厂化生产、现场装配的方式，立柱和墙板均是工厂统一制作，钢筋混凝土材料成型后统一养护，温度、湿度比较恒定，表面颜色一致，无须二次装饰，不但费用节省，而且质量波动小。装配式围墙还有以下优点：现场施工可采取机械化加人工作业方式，施工时间较砌体围墙可缩短 40%左右；施工现场湿作业少，提升了现场安全文明施工形象；围墙墙板与立柱预留 10mm 缝隙，采用勾缝剂处理，不需单独设伸缩缝；由于可机械化作业减少人工投入，人工费逐年上涨情况下，装配式围墙的经济型将越来越显著；采用装配式围墙的改、扩建项目，其围墙拆除费用低，部分围墙墙板可以重复利用。

装配式围墙由基础、抗风柱和墙板三部分组成，抗风柱一般采用预制混凝土柱，预制柱留有槽口，用于围墙板卡入安装，围墙板与槽口的缝隙采用建筑密封胶密封处理。墙板材料类型多样，有水泥基轻质围墙板、金属夹芯板、铝合金墙板等，其中水泥基墙板包括挤出成型中空水泥板和钢筋混凝土预制板两种。预制钢筋混凝土装配式围墙见图 3-31。

图 3-31   预制钢筋混凝土装配式围墙

预制钢筋混凝土装配式围墙和清水砖围墙方案经济性比较表见表 3-46。

表 3-46   预制钢筋混凝土装配式围墙和清水砖围墙方案经济性比较表

项　目		预制钢筋混凝土装配式围墙	清水砖砌围墙
说明		工厂预制成品标准件	清水混凝土抗风柱及压顶为混凝土（预制）
安装费	每延米单价（元）	177.77	537.81
材料费	每延米单价（元）	743.48	426.42
机械费	每延米单价（元）	15.91	0.00
取费	每延米单价（元）	305.31	319.54
每延米造价（不含基础）（元/m）		1242.47	1283.77

由表 3-46 可知，装配式围墙和清水砖围墙两种方案具有以下特点：① 清水砖砌围墙每延米安装费比预制钢筋混凝土装配式围墙方案贵 360.04 元；② 预制钢筋混凝土装配式围墙每延米造价比清水砖围墙少 41.30 元；③ 预制钢筋混凝土装配式围墙安装工效快，施工周期可以缩短 40%左右；④ 预制钢筋混凝土装配式围墙后期免维护，可以节省费用约 3%～5%；⑤ 在扩建项目中，围墙拆除费用低，且部分围墙墙板可以重复利用。综上所述，预制钢筋混凝土装配式

围墙在质量性能及经济上均具有一定优势。

5. 预制钢筋混凝土装配式电缆沟

换流站电缆沟常规采用钢筋混凝土或砌体结构，施工现场现浇钢筋混凝土底板、砖砌沟壁或现浇混凝土沟壁。电缆沟施工受气候条件的影响大、工程质量难以保证、工序多、工期长。

预制钢筋混凝土装配式电缆沟采用工厂化模具统一生产，产品脱模后统一养护，温度、湿度比较恒定，表面颜色一致，质量稳定，节省混凝土和钢筋量。现场组装安装方便快捷，可减少施工人工费和缩短电缆沟施工工期，减少了现场湿作业工作量，提升了现场安全文明施工形象。

预制钢筋混凝土装配式电缆沟主要由横截面呈U型断面的钢筋混凝土构件依次拼接组成。构件两端设置有凹凸式接头，构件间构成前后搭接的企口，企口内安装有橡皮条，企口缝外侧在拼装完成后进行防水处理，防止外部土体内地下水顺企口缝进入沟道内。预制钢筋混凝土装配式电缆沟见图3-32，现浇钢筋混凝土电缆沟和预制钢筋混凝土装配式电缆沟技术性比较表见表3-47。

图3-32　预制钢筋混凝土装配式电缆沟

表3-47　　　　　　现浇钢筋混凝土电缆沟和预制钢筋混凝土
装配式电缆沟技术性比较表

编号	优缺点	现浇式电缆沟	装配式电缆沟
1	优点	沟底找坡方便，沟内排水迅速； 沟道变形缝处密封性较好； 不需吊装，对场地空间要求不高， 便于灵活组织施工	① 施工工期较短； ② 工效及劳动生产率较高； ③ 施工工艺简单； ④ 质量稳定，观感较好

编号	优缺点	现浇式电缆沟	装配式电缆沟
2	缺点	① 施工工期较长； ② 工效及劳动生产率较低； ③ 施工工序较多； ④ 质量不稳定	① 连接拼缝较多，连接处的密实性较差，当用于地下水位较高的场地，电缆沟容易渗水； ② 断面尺寸大的电缆沟重量较大，且形状不规则，现场需要吊装，运输安装不便； ③ 沟底排水需砂浆找坡，施工不便； ④ 施工时需要场地来存放装配式电缆沟的沟体

二、设备布置优化

由于直流换流站的站区面积较大，设备较多，相对应的电气二次控制保护设备也较多。通过优化二次设备的布置，遵循"就近布置、相对集中"的原则，减少换流站内二次设备的房间面积和减少电缆、光缆的长度，从而达到节材的效应。

根据功能分区和一次设备布置的特点，电气二次设备分别布置主辅控制楼或者就地继电器小室内，其中与直流场、阀厅、换流变压器相关的控制保护屏柜通常相对集中布置主辅控制楼内，与交流场和交流滤波器区域相关的控制保护屏柜通常就近布置在就地的继电器小室内。

（一）控制楼二次设备室的设置

换流站的控制楼是核心建筑，一般和阀厅紧靠布置。高压直流换流站通常只设置一座控制楼，而特高压直流换流站根据总平面的布置，除设置一座主控楼外，还会设置若干个辅控楼。主/辅控楼需按照区域和功能划分的原则来设置二次设备室，极、阀组和站公用的二次设备宜分别设置不同的二次设备室。

主/辅控制楼的二次设备室按相对集中的原则布置二次屏柜，可将相同间隔、功能且相关联的屏柜相邻布置，达到减少大量屏柜间联系线缆长度的节材目的。

（二）就地继电器小室的设置

就地继电器小室的数量需根据换流站的规划建设规模和一次设备的型式确定，新建本期规模的就地继电器小室，预留远期规模的就地继电器小室。根据低碳节能和节地的设计原则，就地继电器小室一般不宜设置太多，应根据交流场和交流滤波器区域的具体布置方案来按需求设置。

1. 直流场继电器小室

目前直流工程对于直流场继电器小室的设置，需要根据总平面布置情况来确定。

对于常规直流换流站，直流场设备距离主控楼很近，两者距离通常在百米以内，因此可以考虑取消直流场继电器小室，将原布置于直流场继电器小室的直流场接口设备都布置于主控楼一楼的二次设备房间内，即可在直流场区域减少一栋 $60m^2$ 左右面积的建筑物，从而减少直流场的占地面积及土建工程量。相对于数量有限的测量光缆以及开关的信号和控制电缆，减少的直流场面积及直流场继电器小室土建工程量更能节省投资。

对于特高压直流换流站，直流场设备和主控楼之间的距离通常在两百至三百米左右，距离较远，宜考虑在直流场区域设置直流继电器小室，亦可根据直流场设备布置情况在就地极和双极配电装置区合理布置汇控箱，将电缆在就地汇控箱汇集后通过多芯电缆转接至主控楼接口屏，这样做一举两得，既节省了大量电缆的应用、也减少了土建工程量。

2. 交流场继电器小室

交流场、交流滤波器场往往占地较大，一次设备间隔数越多，对应的二次屏柜数量也相对越多。因此可采取按区域分散布置 2～3 个就地继电器小室的方式来配置二次设备，这种分散布置可以根据电压等级、也可以根据一次设备布置来安排，但是必须遵循就地继电器小室和相关一次设备尽可能靠近，同时二次屏柜的布置与一次设备的配列次序相对应的原则布置。在配电装置附近利用空地就地设置继电器小室后，相对应的屏柜即可布置在小室内而不用都集中布置在控制楼，相对减少了主控楼的总体面积。

3. 就地汇控柜

类似于就地继电器小室的理念，采用在配电装置区域设置就地汇控柜进行电缆汇集转接的优化措施，将多根长距离、特别是室内到室外的控制电缆在各汇合点根据功能和特性汇集成若干多芯数电缆，统一转接至相同电缆终端，可大大减少控制电缆的使用量。

对上述的国内某两个相同规模但不同时期建设的 ±500kV 换流站，其直流场和交流滤波器场对应的控制保护系统，在使用就地继电器小室和就地汇控柜技术后，甲供控制电缆从 48km 减少到 38.9km，电缆使用量减少了 9.2km，合计减少电缆使用量达到 19.17%。

（三）400V交流配电室的设置

换流站站用电室一般布置有 10kV 干式变压器和 400V 交流配电屏。交流配电屏为站内站用电负荷供电，主要包括换流阀冷却负荷、换流变压器冷却负荷、空调负荷、充电机及通信高频电源负荷、站公用供电负荷、水泵负荷、照明负荷和其他负荷等。其中，各类冷却负荷、空调负荷等在站用电负荷中占比较大。

类似于继电器小室下放，将 400V 交流配电室按主要负荷分布下放布置于相应区域，可缩短馈线回路供电电缆长度、减小电缆截面，达到节材的目的。一般来讲，换流变压器紧邻阀厅布置；换流阀冷却负荷和空调负荷配电柜布置于主控楼或辅控楼内，亦邻近阀厅布置。因此，在邻近阀厅的主控楼或辅控楼内设置就地的 400V 交流配电室，就近为该类负荷供电。换流站按极设置配电室，如 ±800kV 换流站设置 4 个极交流配电室。另外，全站一般再设置一个站公用配电室，为站内其他各类负荷供电。其他负荷中，水工负荷或综合楼内负荷较大，为节省该类负荷的供电电缆长度、减小电缆截面，站公用配电室可考虑邻近综合水泵房或站前区布置，以实现电缆节材。

三、电气设施节材

光/电缆和接地材料是换流站建设的电气主要材料之一。

作为电能或开关量信号传输的载体，除需安全可靠地输送模拟量和开关量外，还须经济上合理，满足环境保护等要求。用于构建换流站保护接地、工作接地和安全接地系统的接地材料，同样需满足经济、合理、可靠、适用的要求。光/电缆和接地材料的选择和优化对整个工程的造价影响较大，因此研究此类电气设施的节材方案对于换流站电气设施节材、低碳建设具有积极的意义。

（一）光缆应用

早期直流控制保护系统由于技术受限，大量采用硬接线方式进行不同设备之间的通讯和共享数据，整个系统需要开列海量的电缆，造成工程预算居高不下，现场施工接线、敷设、调试和维护检修工作繁琐，同时由于电磁干扰造成误动、拒动等严重后果。随着直流工程技术的逐步完善，直流控制保护系统历经数代优化，硬件和软件全面升级带来设备性能和可靠性提升，简化了系统总线提高系统集成度，采用大量光缆连接替代原有的总线电缆联系，例如 CAN 总线、Profibus 总线、现场总线、TDM 总线等。而且利用光缆将电子式直流测量装置的模拟量信息传输至控制保护屏柜。由于光缆的高速大容量特性，在显著提高系统性能的同时，带来的突出后果是节省了大量电缆，在节约材料方面达到了很好的低碳效果。例如对国内某两个相同规模但不同时期建设的±500kV换流站，直流控制保护系统是同一个生产厂商的不同时代的产品，早一代技术总线是大量使用通讯电缆和网线连接，直流控制保护系统大约用了6km电缆（含网线）、4km光缆；新一代技术大量采用光缆来代替电缆连接，直流控制保护系统大约用了2km电缆（含网线）、6km光缆，较前期光/电缆总共减少了2km，节约光/电缆使用总量的20%。

（二）光/电缆敷设优化

合理布局换流站内的设备及管沟、竖井或桥架，优化光/电缆的敷设通道，是实现光/电缆敷设节材的主要措施。

前文述及的通过优化电气平面布置、压缩站内设备及管沟布局以节省占地面积的方式，可达到缩短全站光/电缆敷设总长度的目的。全站控制保护下放、设置就地继电器小室或汇控柜的方式也可达到同样的目的。另外，光/电缆敷设通道和敷设长度的节材优化还有其他方式。

1. 集中设置电缆隧道或综合管沟

换流站电缆较为集中区域，可结合布置和电缆通道的要求，统一设置电缆隧道或综合管沟，减少分支沟或埋管的设置，节省光/电缆长度和电缆沟的材料。如图3－33所示为某高端换流变广场邻近防火墙设置综合管沟，综合管沟内电缆或光缆可就近接入各相变压器汇控柜或端子箱，节省了电缆及光缆的长度。同时，也可利用综合管沟内的有效空间布置换流变消防水管等其他辅助设施，减少了水管沟的设置，实现了节材。

2. 建筑物内分散设置电缆桥架

建筑物内电缆敷设通道一般采用电缆竖井、桥架或预埋管。

电缆竖井的特点在于电缆通道较为集中，适合于较为方形设计方案的建筑物，且竖井宜布置于建筑物中间区域的位置，以便电缆能够在各层形成辐射状的敷设通道，避免电缆在某一区域的大量集中而造成电缆及其敷设槽盒、电缆埋管等的增加。

相比电缆竖井，电缆桥架的特点在于电缆通道可分散设置；同时，由于电缆桥架一般可沿墙紧贴构架柱设置，基本不额外占用房间内空间，因此，桥架设置较为灵活，可不受建筑物形状的限制；且随着电缆走向分散设置桥架，可

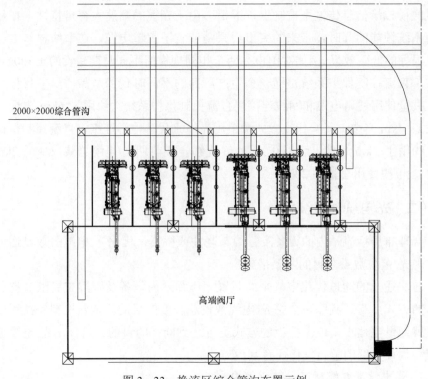

2000×2000综合管沟

高端阀厅

图 3-33　换流区综合管沟布置示例

较大程度地缩短电缆长度、减少电缆敷设槽盒或埋管，实现电缆节材。如图 3-34 为某主控楼（长条形建筑物）第三层沿墙分散设置电缆桥架的方案示例。

（三）接地

换流站接地材料可采用镀锌钢、铜或铜覆钢等。铜和铜覆钢的防腐性能要优于镀锌钢。超高压或特高压换流站中，考虑到接地的重要性，接地材料一般都采用铜。

铜覆钢作为一种新型的接地材料，随着制造工艺的不断提高和改进，其防腐性能及电气性能已接近铜材，可以满足换流站使用寿命的要求。换流站采用铜覆钢接地材料，不但可节省工程投资，也可大量减少铜材的使用，节省有色资源。

类似于光/电缆节材，通过前文述及的优化电气平面布置、压缩占地面积的方式，可达到节省水平主地网接地材料的目的。另外，接地网设计中，可结合换流站设备布置情况，开展接地网最优压缩比不等间距布置的优化，利用 CYMGRD 等接地设计软件对不等距网格布置的地网进行建模，计算设计方案的

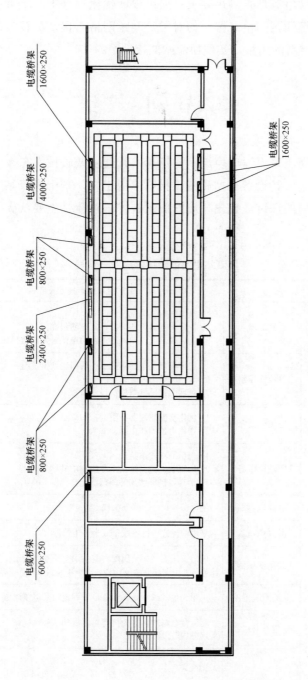

图 3－34 建筑物电缆桥架分散设置示例

跨步电压和接触电势是否满足要求。通过设计优化，基于安全可靠的前提下，换流站采用不等间距网格布置，相对于等间距网格布置，可较大程度地节省水平主地网接地材料的用量，实现换流站的接地节材。

第六节 小 结

本章针对高压直流输电换流站的特点，开展了低碳技术在换流站内的应用研究。从设计方案、设备选型和低碳材料应用出发，基于换流站节能、节地、节水、节材方面的探讨，提出相应的低碳技术。换流站主要低碳技术应用一览表见表 3-48。

表 3-48　　　　　　　换流站主要低碳技术应用一览表

分 类			主要低碳技术及应用
节能	主回路系统节能	换流器	1. 选用低阻抗电气元件； 2. 优化换流器设计，减小其导通损耗； 3. 优化换流变设计，减小换相电抗对换流器损耗的影响
		换流变压器	1. 满足各项要求的基础上，选用较低阻抗值； 2. 选用高导磁率硅钢片； 3. 合理配置风机数量及投入数量
		交流滤波器	1. 优化交流滤波器小组数量和单组容量； 2. 优化电抗器和电阻器参数
		平波电抗器	1. 选用油浸式电抗器； 2. 油浸式电抗器采用高导磁率的硅钢片； 3. 干式电抗器增加导线截面积，降低其直流电阻
		并联电容器	优化结构设计，降低损耗
		并联电抗器	采用油浸式电抗器或干式半芯电抗器
		站用变压器	就地变压器（如公用配电室站用变压器、阀组交流配电室站用变压器等）采用非晶合金变压器，电压不超过 35kV、容量不超过 2500kVA
		测量装置	采用光电式或纯光式设备，节省电缆及电缆通道
		复合材料	利用复合材料良好的抗爬电性能和抗震性能，户外支柱式高压设备采用硅橡胶复合套管
		阀冷却设备	1. 具备条件的情况下，阀外冷却系统尽可能采用水冷； 2. 选用能效比高的设备，风机及水泵能效等级达到 2 级及以上； 3. 冷却风机采用变频控制； 4. 利用换流阀散发的废热作为供暖或生活热水的热源

续表

分　类		主要低碳技术及应用
主回路系统节能	导体	1. 换流变压器进线回路等传输容量较大的回路按经济电流密度选择导体； 2. 导体选择基于在最高运行电压下晴天夜间不产生全面电晕的要求； 3. 优化交流配电装置配串，避免母线局部出现较大通流量； 4. 交流滤波器大组汇流母线等较大通流回路采用铝管母线； 5. 设备间连线尽量选用纯铝绞线或其他交流电阻较低的导体
	金具	1. 采用非铁磁材料制造的节能型金具； 2. 特高压设备或导体连接金具经专门设计，改善电场不均匀性，减少电晕的产生
控制保护系统节能	直流控制保护系统	1. 设备的集成和整合； 2. 统一通信规约/减少接口设备； 3. 自动化水平提高减员增效
	二次辅助系统节能	1. 建立一体化辅助监控系统； 2. 建立设备状态综合在线监测系统； 3. 配置全站公用的时间同步系统
节能	站用电系统	1. 站用变压器容量根据换流站内实际运行用电负荷并考虑负荷同时率后综合确定，提高站用变压器的负荷率； 2. 站内用电设备选用高效率、低损耗设备； 3. 采用光伏发电等清洁能源，接入站用电系统或照明系统
辅助系统节能	暖通空调设备	1. 精确计算建筑物冷、热负荷，避免大马拉小车的现象； 2. 供暖地区的换流站优先利用余热或可再生能源供暖； 3. 采用低流速、低摩阻的热水管道，减少局部阻力构件，并进行水力平衡计算避免使用阀门节流，以减少管道的阻力，管道保温采用保温效果好的绝热材料避免热量的损失； 4. 供暖设备选用传热性能好、热效率高的设备； 5. 供暖房间温度尽可能设置在下限值，供暖设备设置温度控制装置； 6. 通风系统优先采用自然通风； 7. 阀厅、户内直流场、电气配电室等优先采用通风方式降温，避免采用空调降温； 8. 发热量较大的电气设备设置局部通风系统直接将设备散热排至室外； 9. 风管布置平直、减少局部构件、降低风速，以降低风管阻力； 10. 通风及空调设备能效等级达到 2 级及以上； 11. 排热、排潮和换气通风的通风系统配置自动控制装置； 12. 有害气体的房间设置气体浓度检测装置并与排风机联锁； 13. 空调冷源应尽可能利用天然冷源； 14. 空调房间应考虑最大限度地利用室外新风降温； 15. 满足运行人员需要的新风，尽可能取最低值； 16. 空调设备宜多台设备联合运行，便于灵活调节； 17. 采用大温差、低摩阻、低流速的管道，选用保温效果好的材料以降低冷、热媒输送能耗损失； 18. 空调房间的夏季室温尽可能取上限值，冬季室温则尽可能取下限值； 19. 空调设备采用自动控制和变频控制技术，合理控制容量输出和减少运行时间； 20. 设备或管道定期清洗和维护，以降低阻力和提高设备效能； 21. 根据建筑物室内的热负荷季节性的变换情况制定科学的运行时间表，减少设备的运行时间

续表

分 类			主要低碳技术及应用
节能	辅助系统节能	给排水设备	1. 选择摩阻小的管材，降低管网水头损失，进而降低水泵的扬程及功率，达到节能的目的； 2. 生活给水泵采用变频技术，在用水量低时，自动调节降低水泵的转速，从而降低电能的消耗； 3. 生活给水系统水泵出水管路加装气压罐，避免水泵频繁启动，降低能耗； 4. 选用太阳能热水器替代传统的电热水器，达到节能的目的
		照明	1. 夜间照明采用分层照明； 2. 灯具加装补偿电容器，提高功率因数； 3. 户外照明选用高压钠灯，户内照明使用时间不长的场所选用荧光灯，主控室等需长时间照明的场所选用 LED 节能灯具
	建筑节能		1. 合理选择主要建筑物朝向； 2. 有效控制建筑体型系数； 3. 建筑外墙、屋面、地面、门窗等围护结构采取适当的保温隔热措施，提高其保温隔热性能、降低建筑能耗
节地	电气平面布置优化	换流区布置	1. 结合换流站特点选用"高端面对面、低端背靠背"布置、"一字形"布置或"L 形"布置。其中，"L 形"布置占地最小，"高端面对面、低端背靠背"布置占地最大； 2. 换流站站区建筑根据工艺要求，阀厅、控制楼宜采用联合布置，其他建筑根据具体条件联合布置，利用配电装置区中可用场地，尽量不因为建筑物的布置增加站区的征地面积
		直流配电装置区布置	1. 直流场平波电抗器采用"品"字形布置； 2. 结合换流区布置方案确定直流配电装置区布置方式。其中，换流区"L 形"布置对应的直流配电装置区占地最小，"一字形"布置对应的直流配电装置区占地最大
		交流配电装置区布置	1. 交流配电装置采用组合电器设备； 2. 多组 GIS 母线同一走向、并行布置时，将两组 GIS 母线上下布置
		交流滤波器区布置	结合换流站特点选用常规"一"字形布置、"田"字形布置或改进"田"字形布置。其中，改进"田"字形布置占地最小，常规"一"字形布置占地最大
	站区布置优化	站址选择	站址选择优先利用荒地、劣地，不占或少占耕地和林地，避免或减少林木砍伐及植被破坏，减少站区占地及边坡占地
		土石方设计	1. 根据地形设置不规整的站区边界，总平面适应地形。 2. 地形相对平坦地区，场地坡度宜尽量接近自然地形坡度，避免大挖大填；山区丘陵地区，采用阶梯式场地设计
		边坡设计	高填方边坡采用土工格栅加筋土挡墙方案
节水	生产和综合生活节水	生产节水	1. 阀外冷却系统根据外部气象条件，按以下优先级进行选择：空冷、空冷串水冷、空冷带冷冻机； 2. 阀外冷却系统采用水冷方式时，应根据补充水的水质状况选择弃水量少的水处理系统
		综合生活节水	1. 合理选用用水定额，不超过最高值，缺水地区采用低值； 2. 阀卫生器具选用节水型； 3. 选用各类感应式用水器具

分 类			主要低碳技术及应用
节水	消防节水	固定灭火系统节水	优先选择合成型泡沫喷雾灭火系统
		消火栓系统节水	将消防水池与生产水池合建，消防用水可循环使用及补充，无须定期更换，达到节水的目的
	水资源综合利用	雨水综合处理	收集站区雨水，经高效节能过滤器处理合格后储存在水池中
		生活污水综合处理	收集站区生活污水，经"A/O"二级生化处理及过滤消毒后，储存在水池中
		杂用水回用	将处理达到杂用水水质标准的雨水和生活污水，利用水泵及管道输送至各杂用水点
节材	建（构）筑物节材	新型建筑材料	1. 新型墙材和节能保温材料的应用，如材料节能墙体、复合节能墙体、自保温墙体材料； 2. 采用高强高性能混凝土； 3. 换流站建（构）筑物应优先使用400MPa级高强钢筋，将其作为混凝土结构的主力配筋；对于500MPa级高强钢筋应积极推广；一般梁柱的箍筋、普通跨度楼板的配筋、墙的分布钢筋等采用HPB300级钢筋； 4. 在地震烈度不高和地质条件适合的情况下可采用预应力高强混凝土管桩； 5. 钢结构采用冷喷锌防腐
		建（构）筑物结构形式选用	1. 柔直阀厅结构形式宜采用钢排架柱＋空间网架结构体系； 2. ±800kV换流站阀厅宜采用钢—钢筋混凝土框架剪力墙混合结构； 3. 500kV空间全联合构架型式：即两侧构架柱采用单杆柱代替常规的A型柱，中间构架柱采用A型柱，两侧构架通过构架梁与中间构架联合在一起，形成全联合受力体系
		装配式建构筑物	1. 在低地震区和工期特别紧张的工程，阀厅可采用钢—预制钢筋混凝土装配式防火墙阀厅混合结构； 2. 在高地震区、寒冷需要冬季施工地区、工期特别紧张的工程，换流站主（辅）控楼推荐采用钢结构； 3. 主变压器和高压并联电抗器防火墙采用预制钢筋混凝土装配式结构； 4. 预制钢筋混凝土装配式围墙； 5. 预制钢筋混凝土装配式电缆沟
	设备布置优化	控制楼二次设备室的设置	主/辅控楼需按照区域和功能划分的原则来设置二次设备室，二次设备室按相对集中的原则布置二次屏柜
		就地小室的设置	1. 直流场继电器小室设置； 2. 交流场继电器小室设置； 3. 就地汇控柜设置； 4. 就地400V交流配电室的设置
	电气设施节材	光缆应用	直流控制保护系统使用大量光缆连接替代原有的总线电缆联系
		光/电缆敷设优化	1. 换流变等电缆较为集中区域集中设置电缆隧道或综合管沟； 2. 建筑物内分散设置电缆桥架
		接地	1. 采用铜覆钢替代铜； 2. 接地网采用最优压缩比不等间距布置优化方案

第 四 章

线路低碳技术应用

第一节 技 术 简 介

低碳输电线路建设应从实际出发，结合地区特点，积极采用新技术、新材料、新工艺，推广采用节能、降耗、环保的先进技术和产品，将"提高能源利用效率，保护环境"的低碳理念贯穿于电网规划、设计、建设和运行全过程中。

输电线路低碳技术应用主要体现在节能、节地、节材、环境保护等几个方面。节能技术包括采用新型节能导线、预绞式金具；节地技术包括海拉瓦技术和三维数字化设计，多回线路共塔、极间距优化、双极导线垂直排列在内的线路走廊优化措施，以及使用占地面积小的杆塔；节材技术包括采用新型绝缘子、高强度钢材、复合材料杆塔、锚杆基础应用等。

第二节 直 线 线 路 节 能

一、新型节能导线

近年来，国内陆续研制出多种新型节能导线。绿色线路节能导线，就是指在导线的电气和机械性能相近的情况下，通过新材料、新工艺的引入，有效提高线路导电能力，降低电能损耗，具有明显节能效果，因此，新型节能导线在建设绿色线路中具有普及推广的应用价值。

新型节能导线对普通导线特性进行改进，主要体现在以下几方面。

（1）提高导线导电率节能。对于常规钢芯铝绞线，仅仅提高其铝线的导电率，导线的结构及机械性能不变，施工、安装、适用性及应力应变、蠕变特性、弹性模量等均与普通钢芯铝绞线完全一致。导电率提高，导电性能有较大提升，使得同规格导线的运行损耗降低，导线单价略有提高，而节约电能明显，具有一定的经济优势。

（2）铝部及钢芯新材料优化。将传统钢芯铝绞线中的钢芯及部分铝股，替换为铝合金、铝包钢等导电率更高的材料，达到节能的目的。此类导线主要有中强度全铝合金绞线、铝合金芯铝绞线、铝包钢芯铝绞线几种型式，其导线结构如图4-1所示，导线导电率得到提升，而机械强度变化不大。

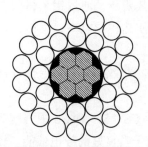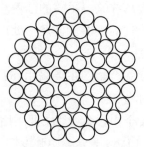

（a）钢芯铝绞线、铝包钢芯铝绞线　　　　　（b）铝合金芯铝绞线、全铝合金线

图4-1　新材料节能导线结构

（3）导线制造新工艺优化。采用成型铝线、圆形镀锌钢线或铝合金线制成型线同心绞架空导线，单位截面的导电利用率得到提升，也可以达到节能的效果。

1. 钢芯高导电率硬铝绞线

长期以来，线缆行业的技术人员一直在致力于提升导线的导电率，以期降低输电线路的损耗，有效提升电能的利用率。导线材料中杂质元素的比例是影响导线导电率的因素之一；同时材料内部的晶界、位错、固溶原子等微观缺陷也对铝导体导电率有不良影响，可通过细晶强化和颗粒强化减少微观缺陷对导电率的影响。

中国近年来在硬铝的研发、生产上取得长足的进步，根据中国铝单线的生产水平及工程需要的情况，将不同高电导率的硬铝线分为3个等级，如表4-1所示，电导率分别为61.5%IACS、62 %IACS、62.5%IACS，对应的型号为L1、L2、L3。

表4-1　　　　　　　　　　　高导电率硬铝绞线

导线名称	传统硬铝绞线	高导电率硬铝绞线		
表示方法	L	L1	L2	L3
导电率	61%IACS	61.5%IACS	62.0%IACS	62.5%IACS

高导电钢芯铝绞线的结构及机械性能与 GB/T 1179—2017 完全一致。因此，其施工、安装、适用性及应力应变、蠕变特性、弹性模量等均与普通钢芯铝绞线一致。导电性能有较大提升，导电率提高，线路运行损耗降低。

2. 中强度全铝合金绞线

铝合金单线主要材料成分由电工铝、镁、硅等材料合成，添加的元素主要是镁（Mg）和硅（Si），主要组成物为 Mg_2Si。在热处理状态下，Mg_2Si 固溶于铝中，并通过人工时效进行硬化，将硅化镁 Mg_2Si 均匀地析出在合金单线的表面，使合金单线获得足够的强度和塑性。其要点是通过铝基体的合金化的配方组合，再通过后续的工艺及热处理过程，使其在导电率、强度、延伸率上得到明显的提高。

高强度铝合金芯主要采用 52.5%IACS 或 53%IACS 铝合金材料，分别以 LHA1、LHA2 表示。

中强度全铝合金绞线主要采用 58.5%IACS、57%IACS 中强度铝合金材料，以 LHA3、LHA4 表示。中强度铝合金线由于其良好的导电性能、较高的机械强度，且导线轻、硬度高耐磨性好等诸多优势，用于输电线路有一定节能效果，具有较好的应用前景。

3. 铝合金芯铝绞线

铝合金芯铝绞线是一种铝合金和硬铝组合的导线，该导线内层采用高强度铝合金芯，外层采用常规的硬铝单丝绞合，综合利用了硬铝导电率高、铝合金强度高重量轻的优点。由于其良好的导电性能和较小的铁塔荷载，在降低工程造价、减少年运行费用方面，有明显优势。国际上铝合金芯铝绞线的应用有 IEC 61089—1997、ASTM-B-524-M—1999 等标准作为支撑。国内标准《圆线同心绞架空导线》（GB/T 1179—2017）、《型线同心绞架空导线》（GB/T 20141—2006）也将铝合金芯铝绞线包含。

铝合金芯铝绞线一般采用 52.5%IACS 或 53%IACS 高强度铝合金芯（对应 JLHA1 或 JLHA2）替代普通钢芯铝绞线中的钢芯和部分铝线，导线外部铝线与普通钢芯铝绞线铝线相同。

相同长度的铝合金芯铝绞线价格与等外径钢芯铝绞线价格大致相同，由于铝合金芯铝绞线具有弧垂特性较好、重量较轻、导电率高等优点，美国从 20 世纪 60 年代开始采用铝合金芯铝绞线，有近 60 年的运行经验。铝合金芯铝绞线在国外使用的比较普遍，例如法国、西班牙等发达国家使用较多，在智利、秘鲁等南美国家亦应用较广。

目前，铝合金芯铝绞线也已经在多个国内工程中应用，取得了良好的节能效果。

4. 铝包钢芯铝绞线

铝包钢线具备钢线的优越抗拉性能和铝的良好导电性能，耐腐蚀性能大大优于镀锌钢线，耐热性能良好。采用 20.3%IACS 的铝包钢线代替镀锌钢线作为加强芯，与高导电率铝线组成节能导线，耐腐蚀性能明显提高，尤其适用于沿海和重污秽地区，能够延长导线的使用寿命。

5. 型线同心绞架空导线

常规导线为圆线同心绞合而成，导线线股之间存在间隙，若采用型线绞合方式，同等截面导线的外径减小，或同等外径的导线导电截面增加，即导线单位水平荷载的导电利用率得到提升，也可以达到节能的效果。

型线同心绞架空导线的单线，目前主要有梯形的和 Z 字形的，其典型的型式如图 4-2 所示。

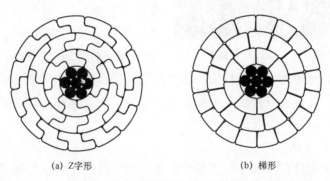

(a) Z字形　　　　(b) 梯形

图 4-2　Z 字形（左）和梯形（右）型线同心绞架空导线

型线同心绞架空导线其导体外层采用紧凑型结构，当导体有效截面相同的情况下，即可使导线的直径更小，从而能起到减轻杆塔重量、降低工程造价，节约一次投资费用的作用；当导线直径相同的情况下，可使导线有效截面可增加，降低线路电阻，节约电阻损耗费用以及提升输送容量。经测算，同等截面型线同绞架空导线可减小直径 10%～15%；同等直径的导线可增大截面利用率 20%～25%。

二、预绞式金具

预绞式金具即为一组或几组预绞丝按照规定的孔径、节距、长度、根数预先制成一组螺旋状形状，在安装时紧缠在导线的外层，装入悬挂点的线夹中，它具有握力大、电晕小、重量轻、磁损小、应力分布均匀、安装方便、免维护等特点。预绞式金具电晕、磁损较小，能起到一定的节能效果。

1. 预绞式悬垂线夹

预绞式悬垂线夹（如图 4-3 所示）采用优质铝合金丝预绞成型，利用预绞丝产生的摩擦力和橡胶的弹力来紧握绞线，增大了与导线的接触面积，减小了回路电阻，降低电能损耗，且具有应力分散、阻尼性能良好、不损伤导线等特点。该类线夹将悬挂点应力分散到整个预绞丝护线条上，减小了导线所受的挤压应力和弯曲应力等静态应力以及微风振动等产生的动态应力，提高了导线耐振性能。由于制作材料与导线一致，减小由于不同种金属在电气环境下所引起的电腐蚀，延长了金具的使用寿命。预绞丝端部进行磨圆处理，线夹整体外形圆滑，电晕小。

图 4-3　铝合金预绞式悬垂线夹

2. 预绞丝式阻尼间隔棒

预绞丝式阻尼间隔棒也是借助预绞丝将导线固定，将导线上的风振能量通过预绞丝最大限度地传递给间隔棒回转轴，利用橡胶阻尼部件很好地吸收了振动能量。预绞丝式自阻尼间隔棒不仅没有螺栓的松动问题，显著降低对导线的侧压力，还具有补偿由于导线蠕变、塑性形变和具有安装方便、使用寿命长的特点。

3. 预绞式防振锤

预绞式防振锤特点和预绞式悬垂线夹类似，其主要特点是基本解决防振锤采用普通线夹长期运行容易滑移的问题，保证了防振效果及设备的使用寿命。防滑型海马防振锤（如图 4-4 所示）锤体本身采用高强度的合金钢，表层镀锌，既能防腐，又能防冰雪，线夹本体采用铝合金，能够降低连接处的接触电阻，减小电能损耗，同时便于施工。

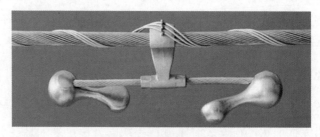

图 4-4　防滑型海马防振锤

预绞式悬垂线夹、防振锤、间隔棒作为节能金具，具有优良的受力特性，在线路工程上可推广应用。

第三节 直线线路节地

随着我国国民经济高速发展以及城镇建设步伐的加快，土地资源的审批管控日趋严厉。对电网发展建设而言，取得输电线路走廊土地资源日益困难。经济发达地区，人口密度高、土地资源紧张，架空线路的走廊制约工程建设的顺利实施。如何节约线路走廊用地、提高走廊单位面积的输送容量、减少输电线路对环境的影响、降低建设投资已是迫切需要研究和解决的问题。

一、海拉瓦技术和三维数字化设计

海拉瓦技术和三维数字化技术是缩短线路长度，减少沿线房屋拆迁量、树木砍伐量和不必要开方的重要手段。

海拉瓦技术是利用卫星照片，航飞照片，全数字化摄影测量系统和 GPS 全球定位系统，并配合使用计算机优化排位软件等高科技手段对输电线路进行多方案路径优化选择，并可实现导线选型、杆塔规划及优化排位，进行各个原则方案的快速决策。工程中应用这一技术一般可缩短线路长度 2%左右，节约了线路走廊土地资源。

随着三维数字化技术的普及应用，计算机网络技术的日益成熟发展，数字化网络平台为工程设计提供了一个全新的设计手段和展示窗口。与传统的、纸质的二维设计手段相比，三维数字化设计技术在展示、存储、查询、资料管理等方便具有明显优势。在输电线路设计领域引入数字化三维设计，建立一个以三维地理信息系统（geographic information system，GIS）为支撑的数字化设计平台，最终实现设计信息化、软件集成化、图纸电子化、管理规范化，使得设计成果更加直观、设计手段更加先进、协同作业更加便捷、项目管理更加高效、成果移交更加规范。尤其在土地资源节约方面，三维直观的地形展示能够辅助设计人员进行线路选线、定位，并进行多方案对比，不仅能缩短线路长度，同时也能有效减少沿线房屋拆迁量和树木砍伐量。另外，在三维数字化设计平台上，计算输电线路风偏，能够准确得到风偏开方示意图和开方量计算结果，减少不必要的开方，如图 4-5、图 4-6 所示。

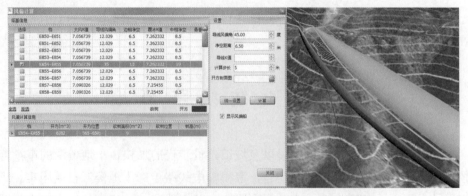

图 4-5　风偏计算及结果

图 4-6　风偏开方位置示意图

二、线路走廊优化技术

1. 多回线路共塔设计

国内外同塔多回输电技术的研究和运行实践表明，采用同塔多回输电是电网建设中缓解输电走廊紧张、节省土地资源的有效手段之一。

同塔多回路，就是多条相同电压或不同电压的线路架设在同一个铁塔上，一般将较高电压等级线路布置在上方，较低电压等级线路布置在下方。

目前，国内已建的同塔多回直流输电线路溪洛渡右岸电站送电广东±500kV同塔双回直流输电工程，线路全长约 1254km，输送能力 6400MW，符合"资源节约型，环境友好型"的建设目标，具有很大的经济效益和社会效益。

多回线路共塔设计还包括接地极线路和直流线路共塔设计，例如，±500kV贵广二回直流广东侧接地极线路经过技术经济比较，除接地极出线段外，按与±500kV贵广二回直流线路共塔建设，共塔段动态投资单价为 246.15 万元/km（根据初设概算价叠加），而直流线路和接地极线路分别单独架设动态投资单价约为 280.99 万元/km（根据初设概算价估计）。共塔方案工程投资比直流线路和接地极线路分别单独架设的投资略小，而且减少占用接地极线路的线路走廊面积约 365.2 万 m²，折合 5478 亩（按走廊宽度 20m，共塔段长 182.6km 计算），社会效益显著。

此外，还可以采用直流线路同塔架设金属回流线技术，可以解决接地极极址很难选择或破坏环境等问题。双极金属中线方式是利用三回导线构成直流侧回路，其中一回为低绝缘的中性线，另外两回为正负两极的极线。这种系统构成相当于两个可独立运行的单极金属回线系统，共用一条低绝缘的金属返回线。为了固定直流侧各种设备的对地电位，通常中性线的一端接地，另一端的最高运行电压为流经金属中线最大电流时的电压降。这种方式在运行时地中无电流流过，它既可以避免由于地电流而产生的一些问题，又具有比较可靠和灵活的运行方式。当一极线路发生故障时，则可自动转为单极金属回线方式运行；当换流站的一个极发生故障需要退出运行时，可首先自动转为单极金属回线运行方式，然后还可转为单极双导线并联金属回线方式运行。其运行的可靠性和灵活性与双极两端中性点接地方式类似，可在不允许地中流过直流电流或接地极极址很难选择时采用，当取消接地极线路，利用高压直流线路同塔架设金属回线，线路单极运行时，利用金属回线形成闭环回路，系统接线如图 4-7 所示。

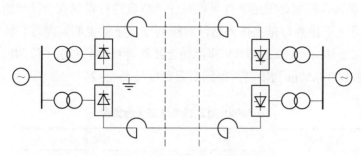

图 4-7 双极金属中线方式

2. 极间距优化设计

极间距决定了直流线路的杆塔横担长度和拆迁范围，是控制直流线路走廊宽度的重要指标。研究极间距的控制因素，并采取措施优化极间距，对于直流线路节约占地与提高土地利用率有重要意义。

截至 2013 年，中国南方电网公司已建成云南—广东±800kV 特高压直流输电工程、糯扎渡送电广东±800kV 直流输电线路工程两条特高压直流输电工程。根据工程设计资料，两工程最小杆塔极间距设计值均为 24m。

滇西北—广东等特高压直流输变电工程综合考虑电磁环境、空气间隙、绝缘子串布置等方面因素的要求，部分线路直线塔最小极间距设计值为 22m。这些线路相比于云南—广东±800kV 特高压直流输电工程、糯扎渡送电广东±800kV 直流输电线路工程极间距减小了 2m，理论上每百公里线路可以减少土地占用面积 20 万 m²，并减少相应面积上的房屋拆迁和树木砍伐等。

优化极间距的措施能有效减少占地面积，提高土地资源的利用率，同时减少输电线路建设带来的拆迁等社会问题。

3. 双极导线垂直排列设计

我国的直流输电线路中极导线通常是按双极水平方式排列的，其中±800kV 直流线路的极间距在 18～24m，所占用的走廊宽度宽，而采用 V 型绝缘子串不仅能够节省线路走廊，还能减小地面电场强度。但是在浙江、上海、广东等华东、华南地区由于走廊拥挤，电磁环境问题导致的房屋拆迁量依然很大。因此，为了压缩线路走廊，减少民房拆迁，国内已有部分线路段采用了极导线垂直排列的直流线路。这种塔型由于在形状上像英文字母里的 F，所以又被称作直流 F 塔型线路。

根据 GB 50790—2013《±800kV 直流架空输电线路设计规范》中的规定，极导线外 7m 内不得有住人，以外建筑物按地面未畸变合成场强最大不超过 15kV/m。那么，根据此限定条件可以对任一直流进行走廊安全区域的划分。根据此条件对水平排列、垂直排列这两种排列方式下的走廊宽度进行计算。为了使这种对比更加直观，取±800kV 直流输电线路垂直排列和水平排列的极间距均为 17m，并以 15kV/m 为限制，得到走廊宽度见表 4-2。

表 4-2　　　　　　　　　　±800kV 直流输电线路走廊宽度

排列方式	走廊宽度（m）
水平排列	77.75
垂直排列	43.50

通过上表可以得到，若±800kV 直流输电线路的正负极导线采用垂直方式布置能够有效地减小线路走廊内的宽度 34.25m，每百公里线路走廊占地面积可节省 342.5 万 m²，大大提高了线路走廊的利用率。

三、采用占地面积小的杆塔

随着国民经济的发展，输电线路工程电压等级的提高和导线回路数和截面的增大，杆塔荷载增大，杆塔根开越来越大难以满足复杂的受限地形（如陡峭山坡、狭窄山脊）的要求，且对于城市输电通道走廊受限区域的高压线需满足占地少、美观等方面的要求。在这样的背景下，窄基塔、钢管杆等小根开杆塔作为减少输电杆塔占地面积的塔型由此产生。

糯扎渡送电广东±800kV直流输电线路工程在广西等地路径通过地形陡峭、狭窄的喀斯特地貌地区，塔位的选择尤为困难。因地制宜地设计小根开杆塔具有重要的意义。结合工程实际条件，中南电力设计院设计了小根开悬垂直线塔 Z2713Z，塔头和常规悬垂直线塔 Z2713 保持一致，塔身的坡度由常规设计双坡 0.20 变为 0.14，根开由 11.7m 相应减小为 9.72m，如图 4-8 所示。

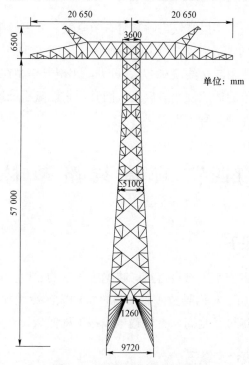

图 4-8　Z2713Z 铁塔单线图

与相同条件下的常规悬垂直线塔 Z2713 相比，小根开铁塔 Z2713Z 的塔位占地面积由 231 方/基减少为 164 方/基，占地面积减少约 29%。可见，小根开塔型能解决线路走廊紧张的塔位选择问题，并能有效地减小杆塔占地。以糯扎渡送电广东±800kV 直流输电线路工程为例，陡峭山区采用小根开铁塔的技术经济比较如表 4-3 所示。

表 4-3　　　　常规悬垂直线塔 Z2713 和小根开铁塔 Z2713Z 比较

项　目	常规悬垂直线塔 Z2713	小根开铁塔 Z2713Z	备　注
呼高（m）	59	57	
降基（m）	−5	−3	
塔重（t）	43.190	40.630	减少 2.56t
基础混凝土（方）	32.38	34.08	增加 1.7 方
基础钢筋（t）	2.76	3.05	增加 0.29t
基础开方（方）	48.57	51.12	增加 2.55 方
塔位占地面积（m²）	231	164	减少 67m²

从表中可知，采用小根开铁塔呼高可有效降低，杆塔耗钢量降低约 6%。虽然由于基础作用力增大导致基础费用少量增加，但考虑塔重、占地面积及塔基面土石方等综合总费用减少约 3.08 万。可见，小根开塔型在工程中推广应用是可行的，对陡峭地形的适应性明显提高。同时，它能减小征地、土石开挖方量，对环境保护、水土保持具有工程意义。

第四节　直　流　线　路　节　材

一、新型绝缘子

绝缘子串的污耐压水平将会直接影响绝缘子串的长度，绝缘子串长度增加，塔头尺寸则相应增加，从而导致工程本体投资的大幅度增加。因此采用新的绝缘材料或结构形式绝缘子是高压直流输电线路工程低碳设计的重要途径。

（一）瓷/玻璃复合绝缘子

瓷/玻璃复合绝缘子的基本结构是在高强度瓷盘表面严密包覆硅橡胶复合外套。瓷盘表面及相关界面采用特殊工艺加工，硅橡胶复合外套采用严密包覆热硫化一次成型工艺。由于硅橡胶复合外具有良好的憎水性和憎水性的迁移性，因而抗污能力强，同时由于其受力构件采用工艺成熟的瓷绝缘子生产厂家提供的高强度瓷盘，解决了普通棒型悬式复合绝缘子的芯棒"脆断"问题，使其机械强度稳定可靠，因而可用于耐张串。另外，瓷/玻璃复合绝缘子重量比同类型的瓷绝缘子减轻了 1/3，方便运输安装。

高压线路复合伞裙耐污盘形悬式瓷绝缘子（简称瓷/玻璃复合绝缘子），是在传统瓷绝缘子基础上发展而来的一种新型结构的绝缘产品。有关产品的结构示意图 4-9 所示。

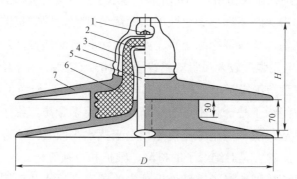

图 4-9　瓷/玻璃复合绝缘子结构示意图

1—锁紧销；2—垫片；3—水泥胶合剂；4—铁帽；5—钢脚；6—瓷件；7—复合外套

1. 机械性能

该绝缘子的端部联接金具（钢脚、铁帽）全部采用盘形悬式瓷绝缘子的结构。芯盘采用高强瓷，同时采用成熟的胶装工艺，从而可靠地保证了作用于绝缘子上的力矩的承接和传递。

2. 耐污闪性能

由于硅橡胶复合外套具有良好的憎水性及其迁移性，水在其上仅能形成水珠，区别于瓷绝缘子瓷面形成的一层连续的导电水膜，因而提高了工频湿闪络电压和耐污闪能力。通过人工污秽闪络电压对比试验，每片瓷/玻璃复合绝缘子的污秽闪络电压比相同类型规格的瓷绝缘子提高了 70%以上，同时该伞形亦有较好的风雨自洁能力，积污速度慢，特别是在粉尘类污秽环境中，愈见其优。该绝缘子容易调整外绝缘爬距。它的爬电比距达到了 30mm/kV，可满足重污秽区域运行线路对绝缘子的要求。

3. 使用寿命

传统的防污闪措施是在瓷绝缘子的表面喷涂 PRTV 防污闪料，但表面喷涂使用寿命较短，一段时间后需要重新喷涂。而瓷/玻璃复合绝缘子使用寿命可达 30 年不用更换，减少了线路维护费用，经济性较好。

4. 运输、安装及维护

瓷/玻璃复合绝缘子本身具有的特点使它在运输安装过程中不易破碎。同时其重量比同类型的瓷绝缘子减轻了 1/3，从而降低了安装劳动强度和铁塔承重压力。在耐张串上采用能良好地承受弯曲负荷和减缓周期性冲击力对铁塔的破坏。

（二）长棒瓷绝缘子

长棒型瓷质绝缘子（如图 4-10 所示）继承了瓷的电稳定性，消除了盘型悬式瓷绝缘子头部击穿距离远小于空气闪络距离的缺点，同时也改变了头部应力复杂的帽脚式结构。长棒型绝缘子有良好的耐污和自清洁性能，在同等长度和污秽条件下，其电气强度较瓷质盘式绝缘子高 10%～25%，由于绝缘子伞盘间无金具连接，相比盘型绝缘子串，在绝缘部分等长情况下，相当于增加 20% 的爬距。长棒型瓷质绝缘子是一种不可击穿结构，避免了瓷质绝缘子发生钢帽炸裂而出现的掉串事故。长棒型绝缘子使无线电干扰水平改善，不存在零值或低值绝缘子问题，从而省去了对绝缘子的检测、维护和更换工作。

目前全世界长棒型绝缘子质量处于领先的国家是日本和德国，德国生产的长棒型绝缘子年平均故障率仅十万分之八。近年来我国在长棒型绝缘子生产方面也得到了发展，已研制生产出适用于 500kV 电压等级的高强度棒式绝缘子，在我国华东地区的线路上挂网运行。通过对 500kV 线路运行情况的调查，对运行二年未清扫的长棒型瓷绝缘子表面测定盐密为 0.006 1～0.006 86mg/cm²，而 XWP-160 瓷质绝缘子在同样地点（6 月前曾清扫）测得的盐密为 0.014～0.036mg/cm²，根据运行部门反映，运行两年的长棒型瓷绝缘子上表面仍光洁，下底面无结垢，而双伞形盘型绝缘子则下表面结垢明显。但长棒型瓷质绝缘子是由数节串接而成（一般 500kV 线路为三节），节间设有均压环或招弧角，每一节间距离被短接约 30cm，其干弧距离较其他绝缘子同等长度下为短。另外，由于安装了节间保护环，使其串长增加，如用于直线杆塔，可能增大塔窗尺寸。因此，棒瓷绝缘子较为适合在耐张塔上使用。

（三）耐张复合绝缘子

随着我国经济的发展，大气的污秽程度也逐渐加重，对于高压直流输电网而言，由于其巨大的输送容量和在系统中的重要性，一旦发生污闪将会对系统造成巨大冲击。

图4-10 长棒型瓷绝缘子串

复合绝缘子由于其优良的耐污特性，已广泛应用于各电压等级的输电线路中，在重污秽地区其爬电距离取盘型绝缘子总爬电距离的75%就能达到与盘型绝缘子串相同的耐污性能；复合绝缘子串的结构高度相对与盘型绝缘子串要小，对于特高压直流线路,在重污区复合绝缘子串的结构高度要比盘型绝缘子串的小3～4m，因此可以有效地减小塔头尺寸，降低工程造价；第三，复合绝缘子的价格也较相同爬电距离的瓷和玻璃绝缘子串便宜，采用复合绝缘子本身就能节约成本；第四，从工程的全寿命周期理念来讲，应用复合绝缘子后期的维护运行较为简单，可以有效免除线路清扫和零值检测工作，大大减轻运行维护的工作量及费用。

国内一些单位使用大吨位耐张合成绝缘子，经过数年的运行后其各项性能没有明显的下降。合成绝缘子的疲劳特性不会低于瓷、玻璃绝缘子，舞动所带来的弯矩不会对合成绝缘子的机械可靠性产生影响，其带来的扭转对于合成绝缘子的影响也是很小的。复合绝缘子用于耐张串时，机械特性应该与同条件下的瓷、玻璃绝缘子相当。

（四）大吨位绝缘子

随着科技的进步，新材料的发展，绝缘子制造厂家已经生产大吨位的760kN直流盘型悬式普通瓷绝缘子，该产品瓷件头部采用圆柱形上砂结构、R-圆锥-圆锥型钢脚和三锯齿形铁帽，在发挥瓷件最大强度的同时实现了瓷件的小型化。

大吨位盘式绝缘子串，可减少耐张串联数，结构简单，受力均衡，运行期间绝缘子出现故障的概率低，便于维护。

二、高强度钢材

（一）高强钢的应用

目前，我国输电线路工程中所采用的钢材强度等级主要是 Q235、Q345 和 Q420。国际上在输电线路杆塔材料方面，有不少国家已采用了更高强度的钢材，表 4-4 给出了目前输电线路杆塔上高强钢材的基本使用情况。

表 4-4 各国高强钢材的屈服强度

钢　号	屈服强度（MPa）	供货品种	国　家
SH590P	440	钢板、型钢	日本
SH590S	440	钢板、型钢	日本
JS690S	520	型钢	日本
STKT540	390	钢管	日本
STKT590	440	钢管	日本
GR65	450	钢管	欧美
Q420	420	角钢	中国

在 750kV 官厅—兰州东段输电线路中，首次采用了 Q420 高强钢。近年来，在特高压和超高压输电线路中已开始大量采用 Q420 钢材。中南院设计的云南金沙江中游电站送电广西直流输电工程中采用 Q420 高强度角钢，对同一塔型采用 Q345 和 Q420 高强钢进行计算比较，各塔型的计算用量及节约情况如表 4-5 所示。

表 4-5 采用 Q420 高强钢后杆塔用钢量的比较

塔　型	呼高（m）	塔重（吨）Q345	Q420	节省量（吨，%）Q420		节省工程造价（万）Q420
Z27102	33	14.43	13.65	0.78	5.41	0.33
	45	18.75	17.71	1.04	5.55	0.44
J27101	33	27.08	25.94	1.14	4.21	0.38
	42	32.69	30.66	2.03	6.21	0.92

注　Q345 单价：0.68 万元/t；Q420 单价：0.73 万元/t。

由上表看出，采用 Q420 高强钢后，小负荷塔可降低塔重 4%～6%左右，大负荷塔可降低塔重 6.5%左右。按本工程使用高强钢可有效节省钢材 4%～6%估算，在扣除高强钢原材料价格的差价因素后，整体上可节省造价 3%～5%。而且高强钢的使用优化了结构的构造，减少设计、运输、安装的工作量，可有效节省工程投资，具有良好的经济效益。

以溪洛渡送电广东±500kV 直流线路工程 20mm 重冰区双回路直线塔和耐张塔为例，采用 Q420 高强度角钢前后进行比较，各塔型的杆塔重量及节约情况如表 4-6 所示。

表 4-6　　　　　　　采用 Q420 高强钢后杆塔用钢量的比较

塔　型	估算塔重（t）		节省比例（%）
	Q345	Q420	
SZ201-39	82.81	75.18	9.21
SZ202-39	90.57	81.84	9.64
SJ201-36	126.35	115.12	8.89
SJ202-36	141.81	132.08	6.86

从表 4-6 可知，20mm 重冰区双回路铁塔采用 Q420 高强钢后，可节省塔材 6%～9%。

对于 Q460 高强钢，工程中也有一定的应用，如 Q460 高强度钢管已在 500kV 练塘—泗泾输电线路中成功应用。经计算相对 Q345 钢管，悬垂直线塔主材采用 Q460 钢后塔重降低约 5%～6%，耐张转角塔主材采用 Q460 后塔重降低约 6%～9%。

因此，在今后的直流输电线路中，应积极推广应用高强度角钢，尤其对于同塔多回路和特高压输电线路工程，采用高强度钢材，既能降低耗钢量，节省工程投资，又具有良好的环保和社会效益，符合低碳建设的宗旨。

（二）大截面钢材的应用

随着我国电力工业的快速发展，对大容量、高电压等级输电线路的要求越来越多，使得铁塔趋于大型化，现有热轧角钢的强度及规格已随着这个要求逐步扩充。多年来我国铁塔加工用角钢执行 GB/T 9787—1988《热轧等边角钢尺寸、外形、重量及允许偏差》，该标准规定的最大规格为∠200×24。随后，2008 年国家发布了 GB/T 706—2008《热轧型钢》、GB/T 1591—2008《低合金高强度结构钢》，新标准中增加了∠220、∠250 规格角钢，并将角钢最大厚度提高到了35mm。目前，现行的有效版本为 GB/T 706—2016《热轧型钢》，GB/T 1591—2018《低合金高强度结构钢》。

我国角钢的生产工艺分为冷弯角钢和热轧角钢。其中，冷弯角钢的最大规格为∠300×300×16；热轧角钢最大规格为∠250×250×35，铁塔用热轧角钢（包括大规格角钢）钢材等级达到了 Q460E 级。近年来，∠280 与∠300 大规格角钢在特高压交直流工程也有一定的研究和应用成果。

大截面角钢的研发和应用，有利于推动我国输电用钢材材质向多品种、高品质方向发展，实现电网建设领域的节能减排，达到低碳设计、低碳建造的目的。

（三）高强地脚螺栓的应用

输电线路杆塔与其基础的连接通常采用地脚螺栓或插入式预埋连接件。其中地脚螺栓预埋件连接是根据塔腿所受上拔荷载选取不同规格及数量的地脚螺栓，对于荷载较小塔型，塔腿一般选用 4 枚或 8 枚地脚螺栓；当塔腿荷载增大时，可增加地脚螺栓数量或提高地脚螺栓等级来满足受力要求。当采用增加螺栓数量时，螺栓及塔座板重量均有大幅增加，工作造价相应增加。因此，可采用高强度地脚螺栓，如 8.8 级、9.8 级、10.9 级和 12.9 级等，其中 8.8 级及以上螺栓材质为低碳合金钢或中碳钢并经热处理（淬火、回火），统称为高强度螺栓，其余称为普通螺栓。螺栓性能等级标号有两部分数字组成，分别表示螺栓材料的公称抗拉强度值和屈强比值。例如 8.8 级螺栓，其公称抗拉强度为 $800N/mm^2$，其公称屈服强度为 $640N/mm^2$。

目前，采用合金结构钢的高强度地脚螺栓已经在不少线路工程中得到了应用，例如在±500kV 芜湖大跨越工程的基础中用到了 40Cr 合金结构钢的高强度地脚螺栓，在哈密南—郑州±800kV 特高压直流输电线路工程、500kV 马鞍山大跨越工程中的基础中用到了 42CrMo 合金结构钢的高强度地脚螺栓，若在上拔荷载较大的杆塔基础中采用合金结构钢的高强地脚螺栓，则可明显减少地脚螺栓的个数和减小塔脚板的尺寸。另外，由于 45 号钢的地脚螺栓抗拉设计值仅 35 号钢地脚螺栓比高约 13%，且 45 号钢焊接困难，所以工程中一般不推荐使用 45 号钢。

下面以云南金沙江中游电站送电广西直流输电线路工程为例，对 J102、J103、

J104 型耐张塔采用不同地脚螺栓进行分析。根据市场价，表 4-7 中计算比较设定 35 号钢地脚螺栓为 6500 元/t，42CrMo 高强度地脚螺栓为 9000 元/t。两种材质经济性对比如表 4-7 所示。

表 4-7 不同材质地脚螺栓的经济性对比（单腿）

上拔力（kN）	采用 35 号地脚螺栓				采用 42CrMo 高强度地脚螺栓				42CrMo 与 35#材质的比较	
	规格及个数	总重（kg）	地脚板重（kg）	造价（元）	规格及个数	总重（kg）	地脚板重（kg）	造价（元）	重量百分比（%）	造价百分比（%）
1500	4M60	237.2	124.5	2351	4M48	124	90.1	1701	59	72
2000	4M68	339.5	165.8	3284	4M52	156	119.1	2178	54	68
2500	8M56	384	301.9	4458	4M60	237.2	160.7	3179	58	71
3000	8M60	474.4	369.4	5485	4M64	286	193.6	3830	57	70

通过上表对工程中经常使用的 35 号钢地脚螺栓和 42CrMo 高强度地脚螺栓进行了对比分析，可见使用 42CrMo 高强度地脚螺栓后，耗材减少约 40%～45%，造价减少约 30%。

三、复合材料杆塔

复合材料杆塔是以玻璃纤维等为增强材料，以环氧、聚氨酯等树脂为基体材料，通过缠绕或拉挤成型工艺，制成复合材料杆塔。因其具有绝缘性好、环境适应性好、安装及维护成本低、防盗防损等优点，复合材料杆塔已经较早地欧美国家获得应用，其中研究开发及应用最早可追溯于美国，其在 1954 年将复合材料输电杆塔安装在高浓度盐雾的夏威夷岛上。随后，日本、加拿大、荷兰等国家也开展相应研究。目前各国已经制定了符合本国的复合材料应用标准。

我国复合材料杆塔研究相对较晚，起于 20 世纪 50 年代，因当时条件有限，材料性能和制造工艺的限制，并未得到推广应用。最近几年，随着纤维材料制作工艺的改善，复合材料杆塔已在不同电压等级的输电线路中进行试点挂网运行，并取得了良好的效果和应用经验。下面简要介绍几个工程的应用实例。

（一）在荆门换流站接地极线路工程中的应用

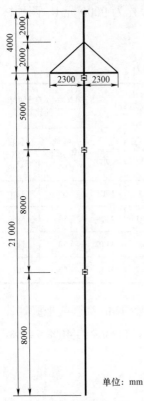

单位：mm

图 4-11　玻璃钢杆塔单线图

2010 年 1 月，由中南电力设计院设计、南通神马电力科技有限公司制造的荆门换流站接地极玻璃钢杆塔在中国电力科学研究院良乡试验基地顺利通过试验，这是国内第一个自主设计研发和制造的塔身及横担全部采用玻璃钢的复合材料杆塔，试验充分验证了玻璃钢杆塔结构设计的合理性和安全性。

荆门换流站接地极线路工程玻璃钢杆塔的导线型号为 2×LGJ-630/45，地线型号：GJ-80（1×7），代表档距为 350m，水平档距为 450m，垂直档距为 650m，最大风速为 25m/s，最大覆冰厚度为 10mm。

玻璃钢杆塔单线图如图 4-11 所示。

玻璃钢杆塔真型试验果表明，玻璃钢杆塔抗疲劳性能良好，在本试验中当外荷载从 0 到超载 200%时，杆顶位移—荷载曲线基本保持直线，说明玻璃钢构件仍然处于线弹性状态。

在相同的使用条件下，采用单杆式玻璃钢杆塔和单杆式钢管塔两种不同形式的杆塔，其技术比较表见如表 4-8 所示。

从表 4-8 可见，对于单杆式杆塔来讲，玻璃钢杆塔的总重量比钢管杆减轻约 8.6%。随着玻璃钢力学性能和连接工艺的改进，玻璃钢杆塔的整体耗材量将会进一步降低。

表 4-8　　　　　　单杆式钢管杆和单杆式玻璃钢杆技术经济比较表

类别	单杆式钢管塔	单杆式玻璃钢杆塔
优点	弹性模量高；节点连接种类多、节点连接强度高；适用范围广	绝缘性能好，可减小线路走廊宽度；节约钢材；安装和维护成本低；耐腐蚀、耐高低温；环境友好
缺点	浪费大量矿产资源、易腐蚀、维护成本高	弹性模量低、节点连接种类少，节点连接强度不高；适用范围小，目前只适用于电压等级为 220kV 及以下杆塔；易老化
合计（吨）	7.0	6.4（含 GFRP 复合材料 3.4t）

（二）在特高压直流输电线路工程中的应用

随着电压等级的不同，输电杆塔并不是全塔均使用复合材料，复合材料在特高压线路工程中的首次研究，可追溯于锦屏—苏南±800kV 特高压直流输电线路工程。在该工程中首次开展了耐张转角塔 JC30102 横担采用了玻璃钢复合材料的试点研究。

研究结果表明：相对于传统的格构式角钢横担，JC30102 塔型的导线和地线支架横担采用刚性复合材料管材和柔性复合材料拉索相结合的结构型式，跳线采用上跳线型式，其对应的杆塔呼高可降低约 9m，具体的技术经济比较如表 4-9 所示。

表 4-9 复合材料横担和角钢横担技术经济比较

塔 型	横担复合材料重量（t）	横担总重量（t）	全塔总重量（t）	复合材料单价（万/t）	钢材单价（万/t）	总价（万元）
复合材料横担塔 JC30102-30	6	20	70	2	0.9	69.6
角钢横担塔 JC30102-39	0	32	90	2	0.9	81

可见，玻璃钢横担的塔架重量比角钢横担的塔架减少约 20t，玻璃钢横担的塔架费用比角钢横担的塔架低 11.4 万元。

另外，西北院和中南院依托宁东—绍兴±800kV 特高压直流输电线路工程对组合绝缘子杆塔进行了试点研究和应用。采用 27m/s 风区，10mm 冰区的悬垂直线塔 Z27101（平丘地段）铁塔进行复合材料转动横担设计分析，塔型采用的导线为 6×JL/G2A-1250/70，地线为 JLB20A-150-20AC，代表档距为 450m，水平档距为 460m，垂直档距为 650m。

通过技术经济分析，相比常规铁塔，复合材料转动横担杆塔 Z27101 塔重降低 21%，基础混凝土减小 8%，综合造价降低 10%，经济性明显。

常规杆塔和复合横担杆塔示意图如图 4-12 所示。

四、锚杆基础

锚杆基础是将锚杆埋入岩（土）石孔中，再向孔中灌入混凝土将锚杆与原始地基粘结形成整体的基础，它能充分利用地基土的承载能力，具有资源节约、环境友好的特点，在输电线路工程中具有良好的应用前景。

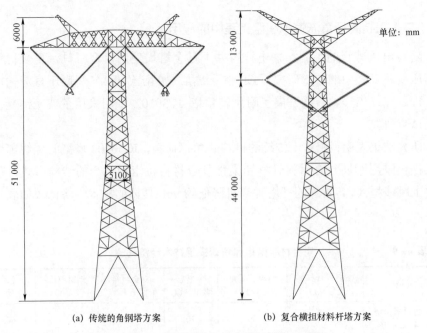

(a) 传统的角钢塔方案　　　　　　(b) 复合横担材料杆塔方案

图 4-12　常规杆塔和复合横担杆塔示意图

　　通常而言，山区线路工程的塔位地质条件多以强风化岩石和硬塑粘性土为主，地基承载力一般在 220～350kPa，如果单靠锚杆自身抗压则不经济，故需要在锚杆上增设承台或板式基础来共同承压，形成一种混合型基础形式即群锚杆基础（如图 4-13 所示），其可以发挥吸取不同基础形式的优点，最大程度利用地层力学特性达到基础优化。

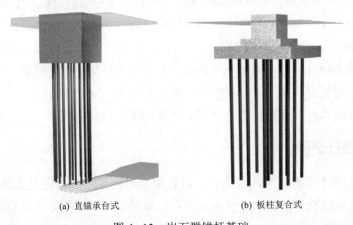

(a) 直锚承台式　　　　　　　(b) 板柱复合式

图 4-13　岩石群锚杆基础

根据中南院以往在广西地区的工程经验，在丘间盆地或平原地形中，基岩埋藏较浅，完整性较强，表层粘性土厚度一般仅 1.0～2.0m，如图 4-14，在此类地质中采用群锚杆基础极具优势，既可降低施工难度，又可节约基础材料量。

以糯扎渡送电广东±800kV 直流输电线路的悬垂直线塔 Z2712-57 为例，基础作用力如表 4-10 所示。

图 4-14 群锚杆基础适用地基

表 4-10   **Z2712-57 悬垂直线塔基础作用力**

塔型	上拔力（kN）			下压力（kN）		
	T	Tx	Ty	N	Nx	Ny
Z2712-57	1250	148	155	−1500	197	164

对于岩石地区，目前输电线路工程普遍采用的基础形式是岩石嵌固式基础。因此，为了方便对比，选取常见的典型强风化岩石地质条件，针对适宜的岩石嵌固基础和锚杆基础进行分析如表 4-11 所示。

表 4-11   **Z2712-57 悬垂直线塔岩石地基基础经济比较**

基础名称	强风化岩石（τ_s=15kPa，τ_b=160kPa，f_{ak}=300kPa）			
	嵌固基础		群锚杆基础	
基础形式及尺寸（mm）	φ1200 / 200 / 5200 / φ2000		200 / 2000 / 6000	
	材料量	比例	材料量	比例
混凝土（m³）	7.07	100%	4.44	63%
钢筋（kg）	427.6		46.3	
锚筋（kg）			521.0	
土石方（m³）	10.6	100%	6.0	57%

通过表 4-11 可知，采用锚杆基础单基混凝土量可节约 30%~40%，基础作用力越大，经济效益越显著。

另外，结合中南院在向家坝—上海±800kV 特高压直流输电示范工程、±800kV 锦屏—苏南、±800kV 糯扎渡送电广东（简称向上线、锦苏线、糯广线）等特高压直流中锚杆基础的应用统计情况，如表 4-12~表 4-14 分别给出了上述 3 条特高压直流工程采用锚杆基础的技术经济比较表。

表 4-12 ±800kV 向上线应用锚杆基础的比较

基础型式	岩石基础大板基础	锚杆基础	节省量	节省百分比（%）
杆塔基数	36	36		
基础混凝土（m³）	1882.2	1300.71	581.49	30.89
基坑土方（m³）	3764.4	1405.31	2359.09	62.67
材料费（万元）	117.41	80.64	36.77	31.32
施工费（万元）	246.63	260.14	-13.51	-5.48
本体造价（万元）	364.05	340.79	23.26	6.39

注 上表锚杆基础中土层锚杆 3 基，岩石锚杆 33 基。

表 4-13 ±800kV 锦苏线应用锚杆基础的比较

基础型式	岩石基础	锚杆基础	节省量	节省百分比（%）
杆塔基数	17	17		
基础混凝土（m³）	881	641.5	239.5	27.19
基础钢筋（t）	85.1	45.9	39.2	46.06
基坑土方（m³）	1762	691.5	1070.5	60.75
材料费（万元）	54.96	39.77	15.18	27.63
施工费（万元）	115.44	128.30	-12.86	-11.14
本体造价（万元）	170.40	168.07	2.33	1.37

表 4-14 ±800kV 糯广线应用锚杆基础的比较

基础型式	岩石基础	锚杆基础	节省量	节省百分比（%）
杆塔基数（基）	47	47		
基础混凝土（m³）	2458.27	1150.72	1307.55	53.2
基础钢筋（t）	130.70	130.86	-0.16	-0.1
基坑土方（m³）	4916.54	1579.92	3336.62	67.9

续表

基础型式	岩石基础	锚杆基础	节省量	节省百分比（%）
材料费（万元）	153.35	113.86	39.49	25.8
施工费（万元）	322.12	344.20	−22.08	−6.9
本体造价（万元）	475.47	458.05	17.42	3.7

可见，采用锚杆基础单基混凝土材料较常规岩石基础施工土方量减少约60%，对山区原始地貌及植被破坏甚小，环境效益是相当可观的。虽然其施工费用上比岩石基础稍多一些，但总体费用仍有所减少，本体造价节省约2%～6%，工程实践表明锚杆基础具有较好的经济效益。

综上所述，采用锚杆基础，符合"安全生产、环保设计"的发展趋势，具有明显的社会效益和环境效益，也符合绿色电网的建设精神。

第五节 小 结

本章针对高压直流输电线路的特点，从高压直流线路的节能、节地、节材方面出发，提出相应的低碳技术应用。高压直流线路主要低碳技术应用一览表见表4-15。

表 4-15 高压直流线路主要低碳技术应用一览表

分类		主要低碳技术应用
节能	新型节能导线	1. 钢芯高导电率硬铝绞线； 2. 中强度全铝合金绞线； 3. 铝合金芯铝绞线； 4. 铝包钢芯铝绞线； 5. 型线同心绞架空导线
	预绞式金具	1. 预绞式悬垂线夹； 2. 预绞丝式阻尼间隔棒； 3. 预绞式防振锤
节地	海拉瓦技术和三维数字化设计	海拉瓦技术和三维数字化技术是缩短线路长度，减少沿线房屋拆迁量、树木砍伐量和不必要开方的重要手段
	线路走廊优化技术	1. 多回线路共塔设计； 2. 极间距优化设计； 3. 双极导线垂直排列设计

分类		主要低碳技术应用
节地	采用占地面积小的杆塔	采用占地面积小的杆塔，能提高了对陡峭地形的适应性，节约占地，具有保护环境的效益
节材	新型绝缘子	1. 瓷/玻璃复合绝缘子； 2. 长棒瓷绝缘子； 3. 耐张复合绝缘子； 4. 大吨位绝缘子
	高强度钢材	1. 高强钢的应用； 2. 大截面钢材的应用； 3. 高强地脚螺栓的应用
	复合材料杆塔	复合材料杆塔，具有绝缘性好、耐腐蚀、耐高低温、强度大、被盗可能性小的特点，可降低线路的维护成本
	锚杆基础	采用锚杆基础相对岩石嵌固基础混凝土量节约 30%～40%，基础本体造价节省约 2%～6%，且对山区原始地貌及植被破坏甚小

第 五 章

接地极低碳技术应用

第一节 技 术 简 介

接地极是高压直流输电系统的重要组成部分，在直流系统起着钳制中性点电位，并且可在极线故障和检修的情况下为直流系统提供大地返回通道的作用。随着特高压直流工程容量的不断提升，接地极的入地电流在不断增大，为保证接地极的安全可靠，接地极的占地面积和工程投入也在不断增加，因此在接地极设计中引入低碳的设计理念非常具有现实意义。

接地极的低碳设计，主要从节地和节材两个方面入手：

（1）节地。接地极本体方案设计时应基于直流系统条件，选择条件最优极址，根据设计规范的要求以及极址的自身条件，通过仿真计算的手段，经过不同接地极型式，不同极环布置方案的对比分析，在满足技术要求的前期下，选择最优设计方案，尽量减小极址占地。

（2）节材。接地极设计时应充分论证馈电棒材料以及电极填充材料等接地极电极主要材料的特性，包括材料的组成部分主要的物理化学特性等。所选择的电极材料要效果好、造价合理且经过工程检验，其次应通过仿真计算进行评估，在满足功能要求的前提下尽量减少材料用量。

在设计接地极时，可根据系统条件以及极址的自身特点，通过采用低碳的接地极材料，同时因地制宜采取最佳的设计方案，减少接地极占地、节省接地极原材料、降低工程造价，达到低碳设计的目的。

第二节 接地极节地

直流输电接地极是单极回路运行时直流工作电流的返回通道，强大的直流电流通过接地极注入大地有可能造成极址跨步电压和接触电势超标，因此一般对极址的面积要求很高，尤其是对于常规的水平型接地极，国内接地极工程一般直径在 600m 左右，土壤条件比较差的极址占地可能会更大，这也给极址选择带来了很大的困难。为降低接地极的占地主要有以下两个思路：

（1）选择条件更优的极址。极址的土壤条件对接地极方案有直接影响，选择土壤条件好的极址可以有效降低极址的占地。

（2）采用新型的接地极设计方案。在相同的极址条件下，可通过采用垂直型接地极、共用接地极、紧凑型接地极等设计方案来优化极址技术指标，在较小占地的情况下接地极就可满足想过技术要求。

一、通过优化选址来节省占地

（一）对极址的一般要求

接地极址是设计接地极的基础，极址土壤物理参数对接地极设计造价及运行性能有着密切的关系。为了使接地极在持续的大电流情况下，也能安全可靠地运行，降低工程造价，并且不影响或尽可能少影响其他设施，所以合理地选择极址是十分重要的。接地极选址一般应考虑下列因素：

（1）离开换流站要有一定距离，但不宜过远，一般在 30~100km（但不意味在此区间就认为地电流对换流站没有影响）。过近则容易导致换流站接地网拾起较多的地电流，影响电网设备安全运行和腐蚀接地网；过远会增大线路投资和造成换流站中性点电位过高。此外，离开重要的交流变电所也要有足够的距离，一般应大于 10km。

（2）有宽敞而又导电性能良好（土壤电阻率低）的大地散流区，特别是在极址附近范围内，土壤电阻率应在 100Ω·m 以下。这对于降低接地极造价，减少地面跨步电位差和保证接地极安全稳定运行起着极其重要的作用。

（3）土壤应有足够的水分，即使在大电流长时间运行的情况下，土壤也应保持潮湿。表层（靠近电极）的土壤应有较好的热特性（热导率和热容率高）。

接地极焦炭尺寸大小往往受到发热控制，因此土壤具有良好的热特性，对于减少接地电极的尺寸是很有意义的。

（4）远离复杂的和重要的地下金属（管道、铠装电缆等）设施，无或尽可能少的具有接地电气（如电力、通信）设备系统。以免造成地下金属设施被腐蚀或增加防腐蚀措施的困难；避免或减小对接地电气设备系统带来的不良影响和投资。

（5）远离铁路，尤其是电气化铁路。以免地电流引起铁路信号灯误动、动力系统变压器磁饱和以及对铁路金属设施产生腐蚀。

（6）接地极埋设处的地面应该平坦。这不但能给施工和运行带来方便，而且对接地极运行性能也带来好处。

（7）接地极引线走线方便，造价较低。

（二）极址选择的流程

接地极极址的选择是设计接地极过程中最重要的环节，因为其地理位置直接关系到地电流对环境的影响，地形地貌和土壤参数直接影响到接地极运行性能及工程造价。为了使接地极在持续的大电流情况下，也能稳定地运行，并且不影响或尽可能少影响其他设施，降低接地极造价，合理地选择极址是十分重要的。

接地极址的选择过程是一个较复杂的作业过程，也是一环扣一环的工作流程。极址选择包括规划选址和工程选址，极址方案论证与优化，大地物理参数测量与确定等工作过程及内容。极址选择工作量较大，原因在于接地极地电流对接地电气设施（如电力系统）、地下金属构件设施（如输油输气管线）的影响不仅范围大，而且与极址土壤（大地）电阻率参数密切相关。设计人员在进行极址方案论证（仿真计算）前，需要大范围地收集可能受到影响的设施信息、协调地方发展规划和测量直至数十千米深的大地电阻率参数。因此，为了能在众多的极址方案中尽快地选择出合适的接地极址，选址过程一般可遵循图 5-1 所示的选址工序。

（三）优选极址可以有效降低极址面积

遵循正确合理的选址方法可以找到条件更优的极址，而在极址条件更优的极址中设计的接地极方案可以明显降低接地极的占地面积。以某实际工程的不同备选极址为例，极址 1 和极址 2 的极址条件分别如表 5-1 和表 5-2 所示。

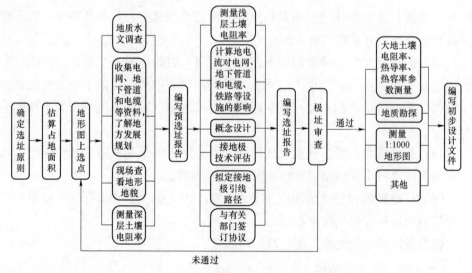

图 5-1 接地极的选址流程

表 5-1 极 址 1 土 壤 参 数

序号	层厚（m）	土壤电阻率（Ω·m）
1	8	320
2	12	700
3	200	900
4	200	300
5	∞	500

表 5-2 极 址 2 土 壤 参 数

序号	层厚（m）	土壤电阻率（Ω·m）
1	2	500
2	8	1500
3	50	3000
4	500	1600
5	∞	500

　　表中的数据显示极址 1 的土壤电阻率要明显比极址 2 更优。在相同的系统条件下，均采用水平双圆环的设计方案，极址 1 和极址 2 为满足设计技术指标，极址 1 和极址 2 的外环直径分别应设计为 760m 和 940m，占地面积分别为 45.4公顷和 69.4 公顷。方案 1 相比于方案 2 占地面积少了接近 34%。

上述实例分析显示在极址土壤条件更优的极址上接地极的占地面积可以显著降低，因此在极址选择时应采用正确合理的选址方法，以得到条件更优的极址，进而可在工程实施中降低极址占地。

二、接地极本体节地设计思路

接地极的设计主要包括四方面的内容：① 必须满足系统条件；② 符合使用寿命要求，在规定的运行年限内不应出现故障；③ 符合最大允许跨步电压的限制要求；④ 符合土壤最大允许温升的限制要求。其中系统条件由系统规划部门给出或确定，电极寿命可通过选取合适的接地极电极材料来保证，极址的最大跨步电压以及土壤最大温升是接地极设计中需要关注的主要的两个控制指标，其对接地极的占地面积的影响非常明显。

（一）力求电流分布均匀

接地极电流分布均匀程度对于保证接地极安全运行和降低接地极造价有着十分重要的意义。如果电流分布严重不均匀，则可能导致电流密度大的地方温度过高、腐蚀严重和地面跨步电压升高等问题。因此，直流输电接地极的节地设计思想之一就是力求使电流分布均匀。

为了获得比较均匀的电流分布特性，根据世界上已投运的直流接地极设计运行经验和上述理论分析结果，可以得到以下结论。

（1）在场地允许的情况下，一般应优先选择单圆形电极，其次是多个（两个及以上）同心圆环型电极。

（2）在场地条件受到限制而不能采用圆环型电极的情况下，也应尽可能地使电极布置得圆滑些，尽量减少圆弧的曲率。

（3）如果地形整体性较差（如山岔），则可采用星型（直线型）电极；如果端部溢流密度过高，则可在端部增加一个"屏蔽环"，特别是如果出现电极埋设层土壤电阻率高于相邻土壤层时，可采用星型电极，以获得比较均匀的电流分布特性。

（二）充分利用极址场地

对于那些受温升和跨步电压条件（极址土壤导电性能差，并且入地电流大和持续时间长）控制的接地极，若选用单圆环布置，容易产生两个问题：① 因要求极环环径较大，极址（中央）不能充分利用，容易受到极址场地面积的限制；② 若极址（或环径）受到限制，为了满足温升和跨步电压的要求，势必要增加焦炭断面尺寸和埋设深度（或采取其他措施），因此焦炭用量大，工程造价高。而选用双圆环或三圆环同心布置，正好可弥补单圆环布置的上述缺点，整个极址得到了利用，分散了热量（意味着可减少焦炭断面尺寸）。虽然电极总长度增加了，但同时可减少电极外缘尺寸，降低跨步电压，从而可获得较好的技术经济特性。

三、新型接地极方案的应用

常规接地极设计一般采用水平圆环形方案，水平圆环形的接地极技术已非常成熟，广泛应用于国内外的直流接地极工程中，但是水平圆环型接地极需要占地面积大，对土壤电阻率要求较高，一般都是占用基本农田。随着国内特高压直流工程容量的不断提升，接地极的入地电流也在不断增加，因此采用常规的水平圆环接地极对极址为满足跨步电压的要求，极址需要占地面积越来越大，极址越来越难选。同时，由于接地极存在着对极址周边环境的影响，接地极的建设环境也变得越来越恶劣。为了满足国内特高压直流工程容量提升的要求，又要尽量适应越来越严酷的建设环境，采用新型的接地极设计方法是解决这一矛盾的重要途径。共用接地极和垂直型接地极等新型的接地极就是在这样的大环境下出现，并已成功应用于实际工程，取得了良好的经济效益和社会效益。

（一）共用接地极

迄今为止，我国已建直流输电工程的接地极大部分是独立的，即一个换流站设立一个接地极。这种设计的优点是设计、建设较独立，运行管理较容易。但极址资源利用不高，不利于减少接地极地电流对环境的影响。随着我国经济的高速发展，接地极的选址工作变得越来越困难，适合接地极埋设条件的极址越来越少。本节将结合工程实例对共用接地极的技术经济指标进行对比分析。

以向上工程复龙换流站和溪浙工程双龙换流站共用极址方案的设计研究为例来说明共用接地极技术的经济技术特征。

1. 共用接地极设计方案

向家坝—上海±800kV 直流系统输送容量为 6400MW，额定电流为 4000A；溪洛渡左岸—浙西±800kV 直流系统输送容量为 8000MW，额定电流为 5000A。接地极设计考虑两回直流系统共用共乐一个极址，采用常规双圆环电极布置方案，如图 5-2 所示。

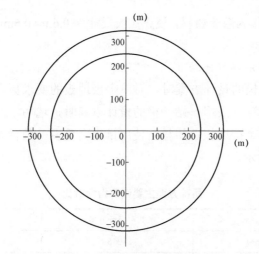

图 5-2　共乐接地极模型简图

　　两个换流站采用共用极址的方式必须满足任何一个换流站在单极大地回路运行时，接地极的跨步电压不能够超过安全限值，所以接地极设计时应按照较大额定电流换流站的系统要求来进行设计，接地极其他参数的选取同样应该考虑两个直流系统中较严重的情况。同时还应该避免两个接地极同时采用单极大地回路运行的情况发生。因此共用的接地极相对于每个换流站单独设置的接地极，其要求更高。

　　共乐极址电极布置采用同心双圆环依地势敷设，外环半径 R_1=315m，内环半径 R_2=240m。内环、外环炭床焦炭填充截面均为 0.6m×0.6m，其埋设深度分别为 3.5m 和 4.0m。内、外环炭床中心均放置单根直径为 50mm 高硅铬铁馈电棒，整个电极均分为四段。该方案的各项技术指标可满足设计要求。

　　2. 一站一极的设计方案

　　采用一个换流站对应一个接地极的设计方案时，接地极只需满足本换流站对入地电流的要求即可。根据两个换流站不同的系统条件，对接地极最大跨步电压等参数进行校验得到各自的接地极设计方案。

　　（1）复龙换流站接地极设计。依然采用双圆环型的布置方式，将接地极设计参数选择为外环半径 250m，内环半径 180m，两个极环均埋深 3.5m，采用 Φ50 的高硅铬铁作为散流材料，填充焦炭尺寸为 0.6m×0.6m，可以满足复龙换流站入地电流的要求。

　　（2）双龙换流站接地极设计。采用双圆环型的布置方式，将接地极设计参数选择为外环半径 295m，内环半径 220m，两个极环均埋深 3.5m，采用直径为

50mm 的高硅铬铁作为散流材料，填充焦炭尺寸为 0.6m×0.6m，可以满足复龙换流站入地电流的要求。

3. 两种方案经济指标比较

采用共用接地极的设计方案时，对单个接地极的要求更高，其接地极半径更大，外环埋深更深；采用一站一极的设计方案时，选用了两个极址，占用的土地资源更多，两个接地极总的材料使用量也会更多。两种方案的主要经济指标对比如表 5-3 所示。

表 5-3　　　　　　　　　　两种方案主要经济指标对比

主要参数	共用极址方案	一站一极方案
焦炭使用量（m³）	1256	2138
馈电棒总重（t）	49	82
电缆使用量（m）	7926	13 495
最小土方量（m³）	40 610	55 340
占地面积（m²）	396 900	589 100
静态投资（万元）	4920	8400

上表显示，采用共用接地极的方案总的经济指标比一站一极的方案要好。其中焦炭、馈电棒和电缆等主要材料使用量和一站一极方案相比节省近一半；共用极址方案少选了一个极址，节省了宝贵的土地资源，减少了建设施工量，也方便建成后的运行维护。上表中的主要经济指标的费用可以看到，采用共用接地极方案静态总投资可以节省近 3500 万元。因此，在条件允许时，建议采用共用接地极的设计方案。

此外，在共用接地极设计中还应考虑到接地极线路对工程造价的影响。在极址较难选择的地区，采用共用接地极方案，可以避免换流站连接到较远处的接地极而节省线路投资；若共用接地极需要增加线路的长度，则需要综合考虑线路增加的费用和共用接地极技术的经济效益来进行方案比选。

从以上的分析可知，在两个换流站距离较近时，采用共用接地极可以显著降低工程造价，节约土地资源。

以下以国内第一个共用接地极鱼龙岭接地极为例进行说明。

鱼龙岭接地极为贵广二回直流与云广特高压直流工程共用的接地极。±500kV 贵广二回直流输电系统采用双极两端接地，输送容量 3000MW；额定电流 3000A；最大持续电流 3300A；最大短时电流 4200A（1.4 倍额定电流）。±800kV 云广直流输电系统采用双极两端接地，系统参数暂按：输送容量 5000MW；额定电流 3125A；最大持续电流 3437.5A；最大短时电流 4375A（1.4 倍额定电流）。贵广二回直流与云广特高压直流工程共用接地极方案采用外环直径为 940m、内环直径为 700m 的同心双圆环电极布置，电极外环采用直径为 70mm 的钢棒，埋深为 4.0m，内环采用直径为 60mm 的钢棒，埋深 3.5m。焦炭断面尺寸 1.1m×1.1m（外环）、0.7m×0.7m（内环）。在两路接地极线路与接地极之间设置隔离开关以方便检修。

广东省人口稠密，适宜接地极建设的用地非常有限，极址选择难度大。采用共用接地极可以充分利用条件好的极址资源，避免重复建设，减少极址用地，缩减工程造价。鱼龙岭接地极从建成至今运行良好，发挥出了良好的社会效益和经济效益。

（二）垂直型接地极

理论分析可知，影响接地极附近地面跨步电压的因素有系统入地电流，土壤电阻率值、电极布置设计（或电流密度分布）和电极埋设深度，这其中系统入地电流和极址土壤电阻率是不可控制因素。因此，减小接地极的尺寸的关键：一是采取有效措施（如紧凑型接地极）控制接地极上线电流密度分布，即均匀散发热量和电场强度，提高极址场地利用率；二是增加电极埋设深度，垂直型接地极就是如此。垂直型接地极，顾名思义，它是由许多按照一定平面形状分布的垂直于地面布置的子电极组成的接地极极。

由于垂直型接地极的电极布置方式不同于水平布置电极，两者的优缺点在很多方面具有互补性，相对水平接地极其主要有优点。

（1）跨步电压较小。水平布置接地极的电流释放深度一般不超过 5m，而垂直型接地极电流释放深度一般至少在 3m 以下，甚至深至数十米。所以在其他条件相同的情况下，垂直型接地极的跨步电压比水平型接地极往往低很多。

（2）允许极址地面有稍大的高差。垂直型接地极其子电极是独立垂直布置——在空间位置子电极间首尾不相连。换言之，垂直型接地极允许极址地面高差较大一些。

（3）降低了选择极址的难度。在我国接地极的尺寸（或占地面积）往往受跨步电压要求控制。采用垂直型接地极不仅可以大幅度地降低占地面积，而且可适应较复杂的地形地貌极址场地。这意味着换流站周边有更多的场地可以建接地极。

　　本节以普洱接地极的实例来说明垂直接地极的节地效果。

　　普洱换流站接地极时糯扎渡送电广东±800kV 直流输电工程送端普洱换流站的重要组成部分，接地极额定入地电流为3125A，由于换流站已建成投运，接地极单极持续运行时间按 3 天考虑。由于山区占整个普洱市土地面积的 90%以上，平地稀少，接地极极址又应避开民房，因此普洱换流站接地极的极址选择工作非常困难，最终推荐采用的极址为一片山间坡地，形状不规则，面积较小，且存在一定高差。土壤参数测量结果显示，极址表层土壤电阻率分散性很大，从 $100\Omega \cdot m$ 到 $2000\Omega \cdot m$ 不等。根据极址的土壤条件，分别对水平以及垂直接地极设计方案进行了计算比较。

　　1. 水平型接地极方案

　　为尽可能降低跨步电压，水平方案将埋深设置为5m。在推荐极址上分别设计了水平单圆环方案、水平不规则单环方案以及水平不规则双环方案，如图5-3所示。

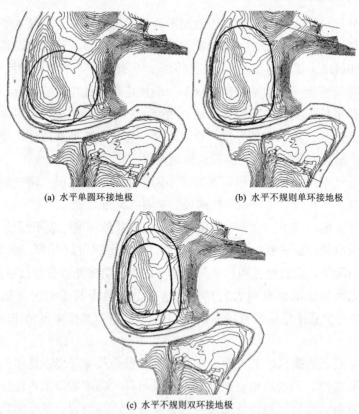

(a) 水平单圆环接地极　　　　　　　(b) 水平不规则单环接地极

(c) 水平不规则双环接地极

图5-3　水平接地极方案设置

上述水平型接地极方案在不同地表土壤电阻率下接地极的跨步电压计算结果如表 5-4 所示。

表 5-4　　　　　不同水平接地极方案跨步电压计算结果　　　　单位：V/m

表层土壤电阻率（Ω·m）	水平单圆环接地极	水平不规则单环接地极	水平不规则双环接地极	跨步电压控制值
100	42.99	36.45	22.77	10.6
200	50.43	42.45	26.70	13.78
300	53.86	45.20	28.45	16.96
500	57.23	47.90	30.20	23.32
600	58.12	48.62	30.74	26.5
800	58.30	48.71	30.57	32.86
1000	60.33	50.35	31.72	39.22
1200	61.00	50.89	32.04	45.58
1500	61.27	51.05	32.05	55.12
2000	62.30	51.93	32.79	70.21

上述计算结果显示，即使是采用跨步电压最小的水平不规则双环方案，在表层土壤电阻率小于 500W·m 后，接地极的跨步电压就超过设计控制值。因此，推荐极址不适合采用水平型接地极设计方案。

2. 垂直型接地极方案

参考水平型设计方案的计算结果，不规则双环方案接地极土地利用率较高，跨步电压计算结果相对较小，因此垂直型接地极设计方案考虑采用不规则双环形接地极设计方案。在极环上每间隔 20m 设置一根 30m 长的垂直接地极，垂直电极顶端距地面 5m，垂直接地极布置如图 5-4 所示。

垂直型接地极方案的计算结果如表 5-5 所示。

计算结果显示，采用垂直型接地极方案，在极址表面各种土壤电阻率的情况下，接地极方案均可以满足跨步电压的要求。

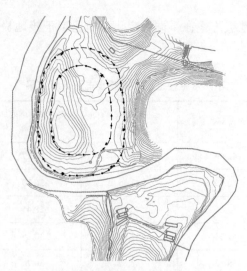

图 5-4　垂直型接地极设计方案

表 5-5　　　　　　　垂直型接地极方案跨步电压计算结果　　　　　　单位：V/m

表层土壤电阻率 （Ω·m）	单体不规则双环 垂直接地极跨步电压	跨步电压控制值 （14 规程）
100	8.15	10.6
200	8.90	13.78
300	9.30	16.96
500	9.70	23.32
600	9.76	26.5
800	9.48	32.86
1000	9.21	39.22
1200	8.73	45.58
1500	8.40	55.12
2000	8.48	71.02

3. 结论

　　垂直型接地极可将电流引入大地深处，有效降低极址地表的跨步电压，可大幅缩小接地极的占地面积，减小接地极选址难度。通过计算分析，常规水平浅埋型接地极的跨步电压超过安全限值，而采用垂直型的接地极设计方案，在面积较小的极址中各项技术指标均达标，有效地解决了普洱换流站接地极极址选择困难的问题。

<h1 style="text-align:center">第三节　接地极节材</h1>

焦炭、馈电棒和导流电缆是接地极建设中的主要材料，接地极节材主要体现在通过选择合适的材料，合理的接地极本体设计方案以及导流系统方案来减少接地极所需材料。

一、选择合适的接地极材料

（一）馈电棒材料

1. 馈电棒材料的一般要求

直流接地极在外加直流电压和上千安培的直流电流长时间地通过电极的情况下，金属材料会逐渐溶解损失，并且数量往往是惊人的。因此，为了提高接地极运行的可靠性和接地极使用寿命，希望接地极材料具有很强的耐电腐蚀性能。除此以外，由于接地极又是一个庞大的导电装置，所以还希望接地极材料导电性能好，加工（焊接）方便，来源广泛，综合经济性能好，运行时无毒、污染小。

2. 常用馈电材料及其应用

迄今为止，成功地用于直流输电接地极中的馈电材料有铁（钢）、石墨、高硅铸铁、高硅铬铁、铁氧体和铜等。判断馈电棒材料性能的主要指标是耐腐蚀性，以上各种不同电极材料的腐蚀率如表5-6所示。

表5-6　　　　　不同材料放置在土壤和焦炭中的腐蚀率　　　单位：kg/（A·年）

材料名称	置于土壤中		放置在不同湿度的焦炭中（试验值）				备注
	理论值	试验值	5%	10%	20%	30%	
铁（钢）	9.1	7～10	0.114	0.286	2.850	5.945	
石墨		0.8～1.2	0.011	0.028	0.031	0.048	
高硅铸铁		0.2～3	0.03	0.048	0.06	0.081	
铜	10.4	8～11	0.009 5	0.03	0.049	0.234	
高硅铬铁	0.3～1（放置在海水中）						
铁氧体	0.001（放置在海水中）						

对于以上不同的电极材料：

（1）高硅铬铁电极和铁氧体电极抗腐蚀能力强，特别适合海岸电极、海水电极以及深井布置电极。

（2）在陆地高硅铸铁抗腐蚀能力强，特别适合潮湿极址电极和接地极阳极使用，不适用于含 Cl 的土壤和海水中的阳极。

（3）铁具有导电性强、机械加工方便和经济等优点，所以铁适用于陆地电极，更适用于阴极。

（4）由于铜在强电流通过时较易电解，不宜做接地极的阳极。如果系统运行方式不长期使用大地作回路，则可考虑使用铜。

（5）铁氧体材料具有非常优良的耐腐蚀特性，但是受工艺的限制，目前国内尚无成熟产品。

3. 小结

馈电棒材料选择时应根据接地极的系统条件以及接地极类型，充分考虑各种馈电棒材料的腐蚀特性、造价以及工程应用情况，选择经济技术指标最优的材料。

（二）电极填充材料

理论和实践都证明，地电流从散流金属元件至回填料的外表导电主要是电子导电，所以对材料的电腐蚀作用会大大降低。另外，由于导电回填料提供的附加体积，降低了接地极和土壤交界面处的电流密度，从而起到了限制土壤电渗透和降低发热等作用。因而迄今为止，除了海水电极以外所有陆地和海岸的接地极都使用了导电回填料。

目前，焦炭碎屑是成功地用于接地极的唯一填充材料，焦炭分为煤焦炭和石油焦炭两类，前者是烟煤干馏的产物，后者是在精炼石油的裂化过程中留下来的固体残留物，并须经过煅烧。最近经过对比试验，发现未经过煅烧的焦炭其挥发性达 15%～20%，其电阻率高于煅烧后的焦炭约 4 个数量级，所以用于接地极的石油焦炭必须经过煅烧。

二、采用合理的接地极本体方案

接地极电极的布置应力求使接地极以较少材料用量，获取较好电极运行特性，在造价和性能上寻求平衡点。

1. 水平圆环型接地极布置

圆环型电极应同心布置，这样可达到同一圆环电极上溢流密度处处相等。圆环的数量应根据技术经济比较后择优选择。一般来讲，如果土壤电阻率较高，入地电流大并且时间长，则宜采用双圆环或多圆环电极，否则可采用单圆环电极。应该指出，过多地增加圆环数量是不经济的，通常不要超过两个圆环。

当采用双圆环电极时，两圆环半径大小配合要适当。工程经验表明，当 d/D 为 0.7 左右时，可充分发挥两个极环的散流效果，技术经济指标最优。如果内环过小（d/D→0），则内环发挥不了作用；反之，如果内环过大（d/D→1），则容易受外环的屏蔽影响，内环同样发挥不了作用。

2. 垂直型接地极电极布置

垂直型接地极由许许多多的子电极组成，不同的子电极长度及其数目对电极运行特性也会产生明显的影响。经模拟计算结果表明，随着子电极数目的增加，电流不均匀系数值有明显增加，接地电阻虽然有所降低，但速度逐渐减慢；当子电极长度和数量一定时，不均匀系数值和接地电阻将随着布置的半径增大而减小。一般来讲，子电极长度应根据地质条件确定，但不宜过长，一般不超过 50m。在地质条件允许的情况下，子电极长度和数目可按式（5-1）的要求配置：

$$\eta \times 子电极长度 \times 子电极数目 = 圆环的周长 \qquad (5-1)$$

式中　η——调整系数，在 $\eta = 0.6 \sim 0.8$ 时垂直接地极的技术经济综合指标最优。

三、优化导流系统设计

导流系统是接地极的重要组成部分，若导流系统设计不合理，会出现一些支路无电流或电流很小，而另一些回路的电流很大的不平衡现象，因而会造成最终选择的导流电缆截面很大，造成导流电缆的浪费。为了获得较好的电流分配特性，保证导流系统安全运行，根据工程运行经验和理论分析计算，接地极导流系统布置一般应遵循以下原则。

（1）导流线布置应与电极形状配合。对于对称形的接地极，导流线一般也应是对称形布置。

（2）适当增加导流线分支数，至少要考虑当一根导流线停运（损坏检修）时，不影响到其他导流线安全运行，提高运行的可靠性。

（3）引流电缆应有足够的载流容量储备，绝缘外套特性应具有良好的热稳定性。

（4）引流电缆应尽量避免接在电流溢流密度大，并且离开馈电棒端点至少在5m远的地方，避免引流电缆接点受腐蚀。

第四节　小　　结

本章通过节地和节材两方面对接地极低碳设计进行了理论上的论述以及相应的实例分析，提出了相应的低碳设计技术。接地极主要低碳技术应用一览表见表5-7。

表5-7　　　　　　　　　接地极主要低碳技术应用一览表

分类		主要低碳技术应用
节地	采用合理的选址方法	通过采用正确合理的极址选择方法，进而选到条件更优的极址进行接地极设计，可以有效降低极址的占地面积
	采用合理的接地极极环设计	1. 接地极的极环布置力求是电流分布均匀，可避免出现局部电流过大现象，降低极址跨步电压，可以有效降低接地极的占地； 2. 充分利用极址场地，通过采用双环或者多环的方案来控制极址的跨步电压和温升，避免接地极占地过大
	采用新型接地极设计方案	1. 有条件的情况下可采用共用接地极设计方案，将两个直流系统的接地极接入同一个极址，可以大幅度降低极址占地； 2. 采用垂直型接地极设计方案，可以有效将接地极入地电流引入大地，降低跨步电压，节省极址占地
节材	选择合适的馈电棒材料	接地极电极材料的选择，应根据系统条件以及极址条件，充分了解各种馈电材料特性和本接地极的设计要求，选择最适合的馈电材料和填充材料，以达到最优的技术经济指标。一般情况下馈电棒材料选择碳钢，高硅铸铁或高硅铬铁，电极填充材料选择经过煅烧的石油焦炭
	优化接地极布置方式	接地极电极的布置应力求使接地极以较少材料用量，获取较好电极运行特性，在造价和性能上寻求平衡点。 1. 水平双圆环型接地极，当内环半径与外环半径的比例为0.7时，接地极的综合技术经济指标最优； 2. 对于垂直型接地极，当子电极之间的间距与子电极长度的比例为0.6～0.8时，接地极的综合经济技术指标最优
	设计合理的导流系统	合理的导流系统设计可以有效节省接地极的导流电缆： 1. 导流系统布置应与电极形状配合，尽量保证对称布置； 2. 可适当增加导流系统的分支，降低每个分支的电流，保证在一根导流电缆断开时，导流系统仍能够可靠运行

第 六 章

环境保护与减排

第一节 技 术 简 介

　　环境保护是当前全人类的共识。随着温室效应、生态灾难在全球范围内爆发，引起了人们对环境保护的迫切需求。随着全球经济与社会的快速发展，人类对生态环境的要求也越来越高，对环境保护和节能减排的重视与行动措施也日益增强。

　　自党的十六大以来，党和政府把资源节约、环境保护提到了一个前所未有的高度。党的十六届五中全会提出了"建设资源节约型、环境友好型社会"的目标，并把建设资源节约型和环境友好型社会确定为国民经济与社会发展中长期规划的一项战略任务。十七大提出"必须把建设资源节约型、环境友好型社会放在工业化、现代化发展战略的突出位置"，并首次提出了建设生态文明。十八大报告中指出"我们一定要更加自觉地珍爱自然，更加积极的保护生态，努力走向社会主义生态文明新时代"。十九大提出："建设生态文明是中华民族永续发展的千年大计。必须树立和践行绿水青山就是金山银山的理念，坚持节约资源和保护环境的基本国策，像对待生命一样对待生态环境，统筹山水林田湖草系统治理，实行最严格的生态环境保护制度，形成绿色发展方式和生活方式，坚定走生产发展、生活富裕、生态良好的文明发展道路，建设美丽中国，为人民创造良好生产生活环境，为全球生态安全作出贡献"。2018 年全国生态环境保护大会上强调："要自觉把经济社会发展同生态文明建设统筹起来，充分发挥党的领导和我国社会主义制度能够集中力量办大事的政治优势，充分利用改革开放 40 年来积累的坚实物质基础，加大力度推进生态文明建设、解决生态环境问题，坚决打好污染防治攻坚战，推动我国生态文明建设迈上新台阶"。本章从电磁环境保护、噪声控制、水土保持、废水排放四个方面介绍换流站和直流输电线路的环境保护和减排措施。

第二节 电 磁 环 境

直流线路的电磁环境影响主要包括电晕效应、电场效应、无线电干扰和可听噪声等，是导地线选型、确定塔头尺寸和导线对地距离等设计环节的重要依据。直流线路的设计应合理地控制电磁环境影响，满足限值要求，这既是线路设计原则，也是环境保护要求。电磁环境限值要求主要体现在合成电场与离子流密度、无限电干扰、可听噪声三个方面，可听噪声将在第六章第三节作详细介绍。

一、合成电场与离子流密度

（一）合成电场与离子流密度的限值

直流输电线路电场效应的限值用合成电场强度和离子流密度的限值表示，合理的限值标准，既考虑人在线下的感受，满足生物效应的要求，又避免增加不必要的线路建设投资，使输电线路的造价控制在合理的水平。

GB 50790—2013《±800kV 直流架空输电线路设计规范》和 DL 5497—2015《高压直流架空输电线路设计技术规程》规定我国直流输电线路地面合成电场强度、离子流密度限值如下：

（1）对于一般非居民地区（如跨越农田），合成场强限定在雨天 36kV/m，晴天 30kV/m，离子流密度限定在雨天 150nA/m²，晴天 100nA/m²。

（2）对于居民区，合成场强限定在雨天 30kV/m，晴天 25kV/m，离子流密度限定在雨天 100nA/m²，晴天 80nA/m²。

（3）对于人烟稀少的非农业耕作地区，合成场强限定在雨天 42kV/m，晴天 35kV/m，离子流密度限定在雨天 180nA/m²，晴天 150nA/m²。

线路邻近民房时，房屋所在地面湿导线情况下未畸变合成电场强度限值为 15kV/m。该限值主要考虑减少电击对人造成的不适或不快感，以 25kV/m（晴天）作为邻近民房的最大合成场强，同时按 80%测量值不超过 15kV/m 考虑，这样符合一般合格评定的规则，与无线电干扰限值的意义也一致。直流输电线路 80%

测量值不超过 15kV/m 是指：假设测量数据为 100 组，将测量结果按照由小到大的顺序排列，第 81 个数值，即 80%测量值，此时小于或等于 15kV/m 为满足要求。

（二）合成电场与离子流密度控制措施

合成电场和离子电流密度的大小与导线表面电场强度及起晕电场强度有关，而导线表面电场强度与导线结构，包括极间距、导线高度、子导线分裂间距、导线分裂根数和直径等有关。因此，应选择合适的设计参数，限制导线表面电场强度，使得合成电场强度和离子电流密度满足限值要求。

二、无线电干扰

（一）无线电干扰限值

DL 5497—2015《高压直流架空输电线路设计技术规程》和 GB 50790—2013《±800kV 直流架空输电线路设计规范》中规定：海拔 1000m 及以下地区，距直流架空输电线路正极性导线对地投影外 20m 处，80%时间，80%置信度，0.5MHz 频率时的无线电干扰限值不应超过 58dB（μV/m）。

由于不同天气、季节的线路电晕放电都有明显变化，无线电干扰水平会随天气、季节变化而有很宽范围的变化，因此将无线电干扰限值与统计分布联系起来，即在一年的 80%时间中，输电线路产生的无线电干扰电平不超过某个规定值，并具有 80%的置信度。

（二）无线电干扰控制措施

极间距、导线高度、子导线分裂间距、导线分裂根数半径等因素对导线的无线电干扰有一定影响。因此，增大极间距、导线高度、子导线分裂间距，增加分裂根数或半径等能在一定程度上减少输电线路的无线电干扰。

第三节 噪 声 控 制

近年来，随着高压直流输电电压等级的不断提高，导致换流站和线路噪声问题日益突出，对周边环境造成严重影响，因而对换流站和线路噪声进行有效控制，减少环境噪声污染，使站界和周围环境满足环评要求，是迫切需要解决的问题。本节从噪声控制标准、设备噪声源、噪声预测方法、噪声控制措施等方面介绍了换流站和线路噪声控制体系。

一、换流站噪声控制

（一）噪声控制标准

换流站噪声控制应使站界、周围敏感点和各类工作场所噪声满足环保部和地方环境保护厅有关批文要求。其中环境噪声符合现行国家标准 GB 3096—2008《声环境质量标准》的规定；站界噪声符合现行国家标准 GB 12348—2008《工业企业厂界环境噪声排放标准》的规定；各类工作场所噪声符合现行国家标准 GB/T 50087—2013《工业企业噪声控制设计规范》的规定。

1. 环境噪声限值

换流站环境噪声应采用噪声敏感目标所受的噪声贡献值与背景噪声值按能量叠加后的预测值，各类声环境功能区的环境噪声等效声级限值应按表 6-1 规定确定。

表 6-1　　　　　　　各类声环境功能区的环境噪声等效声级限值　　　　dB（A）

声环境功能区类别		时段	
		昼间	夜间
0 类		50	40
1 类		55	45
2 类		60	50
3 类		65	55
4	4a 类	70	55
	4b 类	70	60

2. 站界噪声排放限值

新建工程站界噪声应采用噪声贡献值，改、扩建工程应采用噪声贡献值与受到已建工程影响的站界噪声值按能量叠加后的预测值。换流站站界环境噪声等效声级限值应按表 6-2 规定确定。

表 6-2 换流站站界环境噪声等效声级限值 dB（A）

站界声环境功能区类别	时段	
	昼间	夜间
0	50	40
1	55	45
2	60	50
3	65	55
4	70	55

3. 工作场所噪声限值

换流站各类工作场所噪声等效声级限值应按表 6-3 规定确定。

表 6-3 换流站各类工作场所噪声等效声级限值 dB（A）

工作场所	噪声限值
生产和作业的工作地点	90
生产场所的值班室、休息室室内背景噪声等效声级	70
主控制室、通信室、计算机室、办公室、会议室、设计室、实验室室内背景噪声等效声级	60
值班宿舍室内背景噪声等效声级	55

注　室内背景噪声等效声级指室外传入室内的噪声等效声级。

（二）设备噪声源

换流站主要设备噪声源有换流变压器、平波电抗器、交直流滤波器场电抗器和电容器、交流变压器、阀冷却塔、空气冷却器等。换主要设备噪声源的声源类型和 A 计权声功率级可按表 6-4 采用，主要设备噪声源倍频程中心频率的 A 计权声功率级可按表 6-5 采用。

表 6-4 主要设备噪声源倍频程中心频率的 A 计权声功率级 dB（A）

噪声源	声源类型	A 计权声功率级
换流变压器（±800kV 换流站）	面声源	120
换流变压器（±500kV 换流站）	面声源	115
油浸式平波电抗器（±500kV 换流站）	面声源	110
换流变压器冷却风扇	面声源	98
1000kV 交流滤波器电容器	线声源	88

续表

噪声源	声源类型	A 计权声功率级
1000kV 交流滤波器电抗器	点声源	88
750kV 交流滤波器电容器	线声源	87
750kV 交流滤波器电抗器	点声源	87
500kV 交流滤波器电容器	线声源	85
500kV 交流滤波器电抗器	点声源	85
直流滤波器高压电容器	线声源	80
直流滤波器电抗器	点声源	80
空气冷却器（空冷）	面声源	100
闭式蒸发式阀冷却塔（水冷）	面声源	95
极性母线平波电抗器（干式空心）	点声源	92
1000kV 联络变压器	面声源	102
750kV 联络变压器	面声源	100
500kV 联络变压器	面声源	98
500kV 站用变	面声源	93
320Mvar 高抗	面声源	104
280Mvar 高抗	面声源	102
240Mvar 高抗	面声源	101
200Mvar 高抗	面声源	98

注 表中设备噪声源 A 计权声功率级由现场噪声测量和软件计算相结合确定，供设计参考。

表 6-5　　　　　主要设备噪声源倍频程中心频率的 A 计权声功率级　　　　dB（A）

设备名称	倍频程中心频率的 A 计权声功率级								总的 A 计权声功率级
	63	125	250	500	1000	2000	4000	8000	
换流变压器（±800kV 换流站）	81	101	105	120	102	99	94	84	120
换流变压器（±500kV 换流站）	76	96	100	115	97	94	89	79	115
油浸式平波电抗器（±500kV 换流站）	87	102	98	103	106	102	95	82	110
1000kV 交流滤波器电容器	53	63	61	88	74	66	57	44	88
1000kV 交流滤波器电抗器	67	74	82	84	81	79	55	47	88
750kV 交流滤波器电容器	52	62	60	87	73	65	56	43	87
750kV 交流滤波器电抗器	66	73	81	83	80	78	54	46	87

续表

设备名称	倍频程中心频率的 A 计权声功率级								总的 A 计权声功率级
	63	125	250	500	1000	2000	4000	8000	
500kV 交流滤波器电容器	50	60	58	85	71	63	54	41	85
500kV 交流滤波器电抗器	64	71	79	81	78	76	52	44	85
直流滤波器高压电容器	29	40	40	77	75	71	65	55	80
直流滤波器电抗器	60	75	67	76	73	70	45	40	80
换流变压器冷却风扇	77	80	86	90	93	93	88	80	98
空气冷却器（空冷）	66	74	83	92	95	94	93	87	100
闭式蒸发式阀冷却塔（水冷）	90	89	90	84	76	73	70	67	95
极性母线平波电抗器（干式空心）	58	68	72	92	77	75	65	52	92
1000kV 主变压器	71	102	79	92	79	73	70	63	102
750kV 联络变压器	69	100	78	90	77	71	68	61	100
500kV 联络变压器	67	98	76	88	75	69	66	59	98
500kV 站用变	61	92	76	82	76	60	60	54	93
320Mvar 高抗	80	101	95	98	94	90	82	67	104
280Mvar 高抗	78	99	93	96	92	88	80	65	102
240Mvar 高抗	77	98	92	95	91	87	79	64	101
200Mvar 高抗	74	95	89	92	88	84	76	61	98

注 表中设备噪声源倍频程中心频率的 A 计权声功率级由现场噪声测量确定，供设计参考。

（三）噪声预测

换流站噪声预测的基本思路就是在确定的设备声源源强基础上，计算出声波传播途径中的各种衰减和对各种影响因素的修正后，预测出到达预测点上的声波强度，这是建立噪声预测基本模式的基础。噪声预测方法大致上有物理学和几何声学法、实验室缩尺模型法、计算机模拟法等。换流站噪声预测通常采用环境噪声预测软件完成。

1. 预测模型

换流站噪声预测模型包括地形模型、建（构）筑物模型、设备噪声源模型。

（1）地形模型：根据换流站竖向布置和站外地形图，可采用 AutoCAD Civil 3D、鸿业等软件建立换流站整平后的三维数字地形模型，通过原始测量点数据、现有等高线图形、DEM 文件、LandXML 格式文件等任意一种源数据，也可以混合使用多种源数据生成曲面，建立三维数字地形模型，三维数字地形模型应包括换流站竖向布置、挖填方边坡、站址周围等高线等信息。

（2）建（构）筑物模型：噪声预测时需要建立的建（构）筑物模型有：阀厅、控制楼、继电器室、综合楼、综合水泵房、检修备品库、警传室、防火墙、围墙和声屏障等，构架和设备支架可以忽略。建（构）筑物模型应包括几何尺寸、反射损失、吸声系数等参数。

（3）噪声源模型：设备噪声源主要参数应包括声源几何尺寸、声源类型、声功率级、倍频程频谱或 1/3 倍频程频谱。根据设备噪声源特性以及预测点与声源之间的距离等情况，声源可简化为点声源、线声源、面声源。

2. 预测方法

（1）建立坐标系，确定各声源坐标和预测点坐标，并根据声源性质以及预测点与声源之间的距离等情况，把声源简化成点声源，或线声源，或面声源；

（2）根据已获得的声源源强的数据和各声源到预测点的声波传播条件资料，计算出噪声从各声源传播到预测点的声衰减量，由此计算出各声源单独作用在预测点时产生的 A 声级或等效连续 A 声级；

（3）声级和传播衰减的计算应符合现行国家标准 HJ2.4—2009 《环境影响评价技术导则声环境》中的有关规定。

3. 预测内容及结果

（1）噪声预测范围宜为厂界向外 200m，如仍不能满足相应声环境功能区噪声等效声级限值时，应将预测范围扩大到满足限值的距离。

（2）噪声预测主要包括以下内容：

1）预测站界噪声贡献值，给出站界噪声贡献值的最大值及位置。

2）预测敏感目标预测值，敏感目标所受噪声的影响程度，确定噪声影响的范围。

3）噪声预测应绘制等声级线图，说明噪声超标的范围和程度。必要时，可采用表格表示厂界贡献值和敏感目标预测值。

4）根据厂界和敏感目标受影响的状况，明确影响厂界和敏感目标的主要噪声源，分析厂界和敏感目标的超标原因。

（四）噪声控制

声学系统一般是由声源、传播途径和接收者组成。要控制噪声及其污染，必须从三方面进行考虑：① 降低噪声源的噪声；② 控制传播途径；③ 接受者的听力保护。在具体的工程实践中,只采取单方面的措施是不够的,通常需要采取综合措施。对于换流站,其噪声治理主要从噪声源和传播途径两个方面进行控制。

1. 噪声源控制

换流站中的设备选择,宜选用高度较低、振动较小、噪声较低的设备。主要设备噪声源的选择,应收集和比较同类型设备的噪声指标后综合确定。

(1)换流变压器、油浸式平波电抗器和高压并联电抗器。从设备本体噪声控制角度来说,降低换流变压器、油浸式平波电抗器和高压并联电抗器设备的措施有:铁芯优化设计、油箱增加减振胶垫和加装隔声板、绕组端部加装磁屏蔽、冷却器采取低噪声的风扇和油泵。

根据现有的经验可知,换流变压器、油浸式平波电抗器和高压并联电抗器本体的降噪措施随着降噪效果的增加其制造成本急剧上升,并且其声功率值降低程度非常有限。因此即使对其投入大量的降噪措施,其噪声水平仍然较高。

(2)干式空心电抗器。干式空心电抗器可采用下列降噪措施:① 各层导线均采用环氧玻璃纱进行包封,降低振动幅度;② 优化电抗器结构和重量,使设备的自振频率偏离主要的振动频率;③ 绕组周围设置装设吸声材料的玻璃纤维隔声罩。

目前换流站干式空心电抗器通常的降噪方法是在电抗器周围加隔声罩,隔声罩的设计必须和干式空心电抗器的设计相结合,需满足设备通风散热和电气净距的要求。干式空心电抗器隔声罩最大降噪的典型值为:① 顶部和底部隔声板:5dB(A);② 周围加装圆筒式隔声罩:10dB(A);③ 加装完整声罩:15dB(A)。交流滤波场干式空心电抗器周围加装圆筒式隔声罩见图6-1。

图6-1 圆筒式隔声罩

（3）电容器。降低电容器噪声的关键在于降低电容器表面的振动，通过对电容器厂家进行调研目前电容器本体采取的噪声控制措施有：

1）在电容器出线套管或底部方向增加隔声罩，隔声罩选取优良的隔声材料制作，并优化隔声罩的空腔高度，可降低噪声6～10dB（A）。

2）电容器单元内部适当位置加装高声阻抗合金材料的降噪板。

3）电容器单元内部增加阻尼元件、每个电容器单元增加局部隔声罩、每层的4个电容器单元用一个隔声罩封闭；电容器单元增加阻尼元件和隔声罩见图6-2。

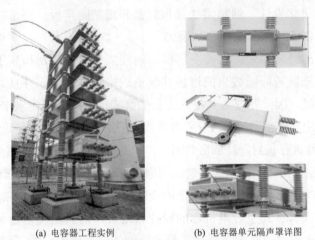

(a) 电容器工程实例　　(b) 电容器单元隔声罩详图

图6-2　电容器单元隔声罩

4）电容器芯子底部加装阻尼元件，起到减振吸声的效果；在单元电容器与台架接触面间铺垫抗老化的减振胶垫。电容器增加阻尼元件和减振胶垫见图6-3。

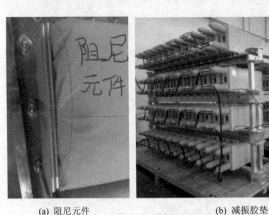

(a) 阻尼元件　　　　(b) 减振胶垫

图6-3　电容器单元阻尼元件和减振胶垫

5）电容器通过采用合理串并联数，电容器箱壳底部采用双箱底结构，电容器和框架之间加装减振垫，可以减小单台噪声 5～10dB（A）。电容器箱壳底部采用双箱底和设置减振垫见图 6-4。

图 6-4 电容器箱壳底部减振垫

6）电容器还可以采用双塔结构电容器组，以降低声源的高度，有效地减小其噪声的传播范围。

（4）闭式冷却塔和冷却风扇。闭式冷却塔噪声主要有轴流风机产生的空气动力性噪声（进、排风噪声）、淋水噪声、机械噪声、风扇旋转引起冷却塔壳体的振动产生的二次噪声组成。目前闭式冷却塔通常采用在进、出风口设置片式消声器，电机采用隔声罩封闭，可以减小单台闭式冷却塔噪声约10dB（A）。

目前低噪声风扇的设计技术已经成熟，而且很多技术对降低冷却风扇的噪声都是很有效的，包括：① 采用大直径低转速轴流风扇；② 采用消声器和空气挡板。

2. 控制传播途径

由于声能量随着离开声源距离的增加而衰减，在噪声源确定的情况下，主要考虑尽量加大噪声源与噪声敏感点之间的距离或在噪声源与噪声敏感点之间增设吸隔声降噪设施。

（1）在站址选择时，宜遵循下列原则：

1）站址宜避开噪声敏感建筑物集中区域（如居民区、医疗区、文教区等）。

2）噪声沿顺风方向和逆风方向传播，由于声线弯折方向的不同，会有很大的差异。为使居住区受到的影响最小，站址宜位于城镇居民集中区的当地常年夏季最小频率风向的上风侧。

3）由于建筑物室内噪声污染程度与建筑物的门窗开闭状况关系很大，夏季是受噪声干扰最严重的季节，站址宜位于周围主要噪声源的当地常年夏季最小频率风向的下风侧。

4）站址应充分利用天然缓冲地域使噪声敏感区与高噪声设备隔开。天然缓冲地域是指站址附近在近期或远期都不会设置噪声敏感建筑物的天然隔离带，诸如沙石荒滩、宽阔水面、农田森林、山丘丘陵等。

（2）换流站总平面布置在满足工艺布置要求的前提下，宜遵循下列原则：

1）主要设备噪声源宜相对集中，并宜远离站内外要求安静的区域。

2）应充分利用阀厅、备品备件库、GIS 室等高大建筑物对噪声的隔离作用。

3）主要设备噪声源宜低位布置，以缩小噪声传播距离。

4）对于室内要求安静的建筑物，门窗不要面向噪声源，其排列应使建筑多数面积位于较安静的区域中，其高度的设计不宜使其暴露在许多强声源的直达声场中。

（3）换流变压器和油浸式平波电抗器设置隔声罩和声屏障。当换流站周围环境噪声控制标准为 3 类及以下时，换流变压器和油浸式平波电抗器通常采用在其前方设置声屏障的降噪措施，目前国内换流变压器声屏障有两种型式：隔声屏障和消声屏障。隔声屏障工程实例如图 6-5 和图 6-6 所示，消声屏障工程实例如图 6-7 和图 6-8 所示。

图 6-5　换流变压器隔声屏障　　　图 6-6　油浸式平波电抗器隔声屏障

当换流站周围环境噪声控制标准为 2 类及以上时，换流变压器和油浸式平波电抗器通常采用隔声罩，隔声罩宜采用可拆卸式，也可采用移动式。可拆卸式隔声罩工程实例如图 6-9 所示，移动式隔声罩工程实例如图 6-10 所示。

图 6-7　换流变压器消声屏障

图 6-8　油浸式平波电抗器消声屏障

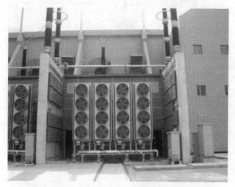

图 6-9　换流变压器可拆卸式隔声罩

图 6-10　换流变压器移动式隔声罩

（4）交流滤波器场设置声屏障。交流滤波器组电抗器和电容器可采用隔声屏障；当滤波器组靠近辅助生产区布置时，宜在朝向辅助生产区处设置隔声屏障；当滤波器组靠近围墙布置时，宜在围墙上设置隔声屏障。围栏处声屏障工程实例如图 6-11 所示，围墙上声屏障工程实例如图 6-12 所示。

图 6-11　围栏处设置声屏障

图 6-12　围墙上设置声屏障

（5）高压并联电抗器和主变压器设置声屏障。500kV 高压并联电抗器和主变压器可采用隔声屏障，工程实例如图 6−13 和图 6−14 所示。1000kV 高压并联电抗器可采用隔声罩，工程实例如图 6−15 所示。

（6）闭式蒸发式阀冷却塔和空气冷却器声屏障。闭式蒸发式阀冷却塔和空气冷却器宜采用消声屏障和隔声屏障相组合的方式。消声屏障应采用阻性消声器，设置在隔声屏障下方。闭式蒸发式冷却塔声屏障工程实例如图 6−16 所示。

图 6−13　高压并联电抗器声屏障　　　　图 6−14　主变压器声屏障

图 6−15　1000kV 高压并联电抗器隔声罩　　图 6−16　闭式蒸发式冷却塔声屏障

3. 接收者的听力保护

对于采取相应噪声控制措施后其等效声级仍不能达到噪声控制设计限值的工作和生活场所，应采取适宜的个人防护措施，以减少换流站噪声对运行人员健康的损害。换流站通常采取以下措施：

（1）在控制楼内阀厅巡视走道入口处应设置声闸，并设置双道隔声门，在两道隔声门之间设置吸声体。

（2）对于室内要求安静的建筑物，宜设置隔声门和隔声窗。

（3）在高噪声环境工作时应佩戴防噪声耳塞。

二、直流线路可听噪声

（一）可听噪声限值

GB 50790—2013《±800kV 直流架空输电线路设计规范》和 DL 5497—2015《高压直流架空输电线路设计技术规程》对可听噪声限值规定如下：

（1）海拔 1000m 及以下地区，距直流架空输电线路正极性导线对地投影外20m 处，晴天时由电晕产生的可听噪声 50%值（L50）不得超过 45dB（A）；

（2）海拔高度大于 1000m 且线路经过人烟稀少地区时，控制在 50dB（A）以下。

（二）可听噪声计量和测量

1. 可听噪声的计量

输电线路可听噪声的计量方式可分为两类：① 描述声波客观特性的物理量度，常用声压表示，单位为μPa；② 考虑噪声对人听觉刺激的主观量度，由于人能听到的声压级范围很大，用对数来表示声压大小比较方便，常用声压级表示，单位为 dB。

2. 可听噪声的测量

我国电力行业标准 DL 501—1992《架空送电线路可听噪声测量方法》为输电线路可听噪声的测量规定了仪器和方法。

测量位置应在两侧塔高基本相同的档距中央，与线路外侧导线垂直对地投影处的距离可按实际需求选取。

测量时，噪声计距地面高度为 1.5m，传声器对准噪声源方向以测得最大值为原则。为了保证传声器位置距地面高度不变，宜将仪器安装在专用支架上。

如果不用支架，测量人员手持仪器必须将手臂伸直，传声器对准噪声源方向，使仪表读数为最大，不能将仪器靠近身体，影响测量的准确度。

室外测量时传声器应加防风罩，雨雪天气或风速超过 6m/s 时应停止测量。

测量地点应选择地势比较平坦、周围无障碍物、背景噪声较低的地区。

（三）可听噪声的预估方法

直流噪声主要由正极性线路产生，因此对于单回双极直流线路，只需考虑一极导线产生的噪声。直流线路的可听噪声可以利用经验公式估算，这些公式一般是根据试验线路和已运行的实际线路大量的测量数据经归纳而得到的。美国、加拿大、德国、日本等国家均有各自的计算公式，美国 EPRI 和 BPA 总结出的公式应用较多。

1. 美国电力科学研究院（EPRI）经验公式

美国 EPRI 总结出预估直流输电线路电晕产生的可听噪声计算公式为：

$$AN = 56.9 + 124 \lg\left(\frac{g_{max}}{25}\right) + 25 \lg\left(\frac{d}{4.45}\right) + 18 \lg\left(\frac{n}{2}\right) - 10 \lg R_P - 0.02 R_P + k_n$$

（6-1）

式中　　AN——可听噪声值，dB（A）；

　　　　g_{max}——导线表面最大电场强度，kV/cm；

　　　　d——导线直径，cm；

　　　　n——导线分裂数；

　　　　R_P——正极性导线到计算点之间的距离，m；

　　　　k_n——修正项。当 $n \geqslant 3$ 时，$k_n = 0$dB（A）；当 $n = 2$ 时，$k_n = 2.6$dB（A）；当 $n = 1$ 时，$k_n = 7.5$dB（A）。

采用该式计算得到的是夏季晴天可听噪声的 50% 值（L_{50}）。

2. 美国邦纳维尔电力局（BPA）经验公式

美国 BPA 总结出预估直流输电线路电晕产生的可听噪声的公式见式（6-2），该式计算得到的是春秋季节好天气时可听噪声的 50% 值。

$$AN = -133.4 + 86 \lg g_{max} + 40 \lg d_{eq} - 11.4 \lg R_P$$ （6-2）

其中

$$d_{eq} = 0.66 n^{0.64} d \ (n > 2)$$ （6-3）

$$d_{eq} = d \ (n = 1, 2)$$ （6-4）

式中　AN、g_{max}、d、n、R_P——意义与式（6-1）相同。

（四）可听噪声的控制措施

极间距、导线高度、子导线分裂间距、导线分裂根数和直径等因素对导线的可听噪声有一定影响。控制可听噪声可从改变极间距、导线高度、子导线分裂间距、导线分裂根数和直径入手。

下面采用 EPRI 推荐公式，按表 6-6 给出的基本技术参数，计算不同情况下正极导线投影外 20m 处的晴天可听噪声 50% 值（L50），如图 6-17～图 6-20 所示，图中符号 d 表示导线直径。

表 6-6 各种电压等级基本技术参数

电压等级	±400kV	±500kV	±500kV 双回	±660kV	±800kV	±1100kV
导线铝截面（mm²）	300～500	400～900	400～900	720～1250	630～1250	800～1250
导线直径（mm）	23.9～30	27.6～40.6	27.6～40.6	36.23～47.85	33.8～47.85	38.4～47.85
分裂根数	4	4	4	4	6	8
导线分裂间距（mm）	450	450	500	500	500	550
极间距（m）	11	13	18	18	20	26
导线高度（m）	15	17	17	21	23	31

1. 不同极间距

图 6-17 给出典型直流线路在不同极间距时的可听噪声。

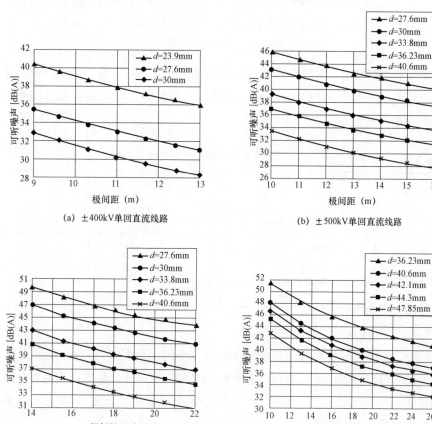

(a) ±400kV单回直流线路

(b) ±500kV单回直流线路

(c) ±500kV双回直流线路

(d) ±660kV单回直流线路

图 6-17 典型直流线路不同极间距时可听噪声（一）

图中 d——导线直径，下同

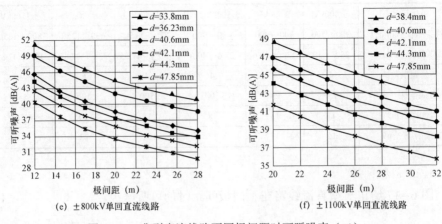

(e) ±800kV单回直流线路　　　　　　　(f) ±1100kV单回直流线路

图 6-17　典型直流线路不同极间距时可听噪声（二）

图中 d——导线直径，下同

由图 6-17 可知，可听噪声随着极间距增加而减小；极间距越大，减小速度越慢；随着电压等级的提升，减小速度是逐渐减慢的。可听噪声随极间距增大的变化规律详见表 6-7。

表 6-7　　　　　　　　　可听噪声随极间距的变化规律

回路数	电压等级	随极间距增大而减小的可听噪声值 [dB（A）/m]
单回	±400kV、±500kV	0.65～1.4
	±660kV、±800kV	0.3～1.1
	±1100kV	0.35～0.65
双回	±500kV	0.54～1.05

2. 不同导线高度

图 6-18 给出典型直流线路在不同导线高度时的可听噪声。

由图 6-18 可知，可听噪声随着导线距离增加而减小，导线高度越大，减小速度越慢；相对于极间距，导线高度变化引起变化量较小。表 6-8 给出可听噪声随导线高度的变化规律。

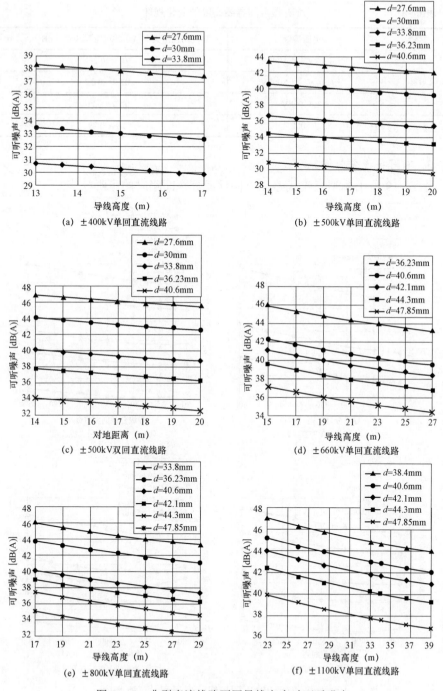

图 6-18　典型直流线路不同导线高度时可听噪声

表6-8   可听噪声随导线高度的变化规律

回路数	电压等级	随导线高度增大而减小的可听噪声值［dB（A）/m］
单回	±400kV、±500kV	0.2～0.29
	±660kV、±800kV	0.17～0.32
	±1100kV	0.15～0.26
双回	±500kV	0.2～0.29

3. 不同导线分裂间距

图6-19给出典型直流线路在不同导线分裂间距时的可听噪声。

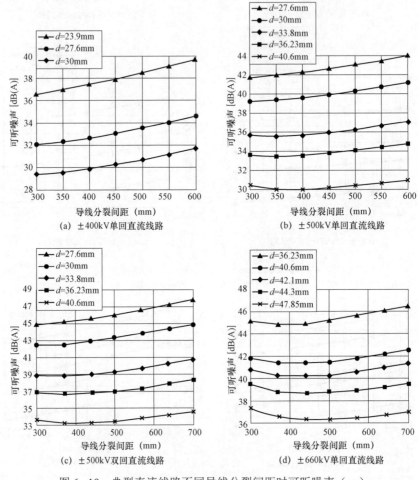

图6-19 典型直流线路不同导线分裂间距时可听噪声（一）

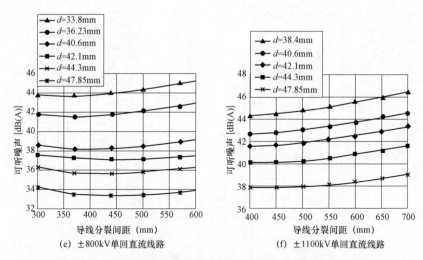

(e) ±800kV单回直流线路　　　　(f) ±1100kV单回直流线路

图6-19　典型直流线路不同导线分裂间距时可听噪声（二）

由图6-19可知，一般情况下，随着导线分裂间距增加，可听噪声呈减小趋势，分裂间距增加到一定程度后，可听噪声反而增大。

4. 不同导线分裂根数和直径

图6-20给出典型直流线路在不同导线分裂根数和直径时的可听噪声。

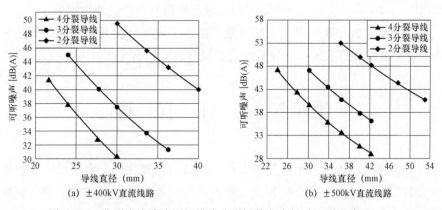

(a) ±400kV直流线路　　　　(b) ±500kV直流线路

图6-20　典型直流线路不同导线分裂根数和直径时可听噪声（一）

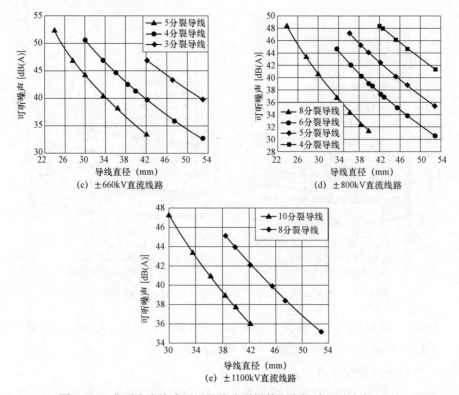

(c) ±660kV直流线路

(d) ±800kV直流线路

(e) ±1100kV直流线路

图 6-20　典型直流线路不同导线分裂根数和直径时可听噪声（二）

由图 6-20 可知，可听噪声随着导线分裂根数和直径的增大而减小。

综上，增大极间距、提高导线高度，改变子导线分裂间距，增加导线分裂根数或者扩大导线直径能在一定程度上控制导线的可听噪声。

第四节　水　土　保　持

水土保持是指防治水土流失、保护、改良与合理利用水土资源，维护和提高土地生产力，以利于充分发挥水土资源的经济效益和社会效益，建立良好生态环境的综合性科学技术。水土保持是工程建设中的一项重要工作，直流输电项目应采取有效防治水土流失措施，保护好生态环境，才能实现"绿色电网"的战略目标。工程项目的水土保持措施主要包括植物措施和工程措施。本节主要从换流站和直流线路两个方面介绍水土保持措施。

一、换流站水土保持

换流站的水土保持应结合环境保护和水土保持方案及批复意见，以建设资源节约型、环境友好型的绿色电网为目标，包括设计、施工、运行期等建设全过程采取的措施。通常而言，水土保持措施包含工程措施（截排水沟、护坡及挡土墙、土石方工程等）、植被措施、施工临时措施和余土处理等措施。

1. 设置截排水沟、护坡及挡土墙

根据换流站场地地质、地形特点，在站内外设置排水设施（含沉砂池），对挖、填方边坡设置相应的护坡、挡土墙及截排水设施，防止水土流失。

2. 站区土石方工程

换流站场地设计标高应在满足防洪涝的前提下尽量按照土石方综合平衡原则确定，并尽量减少土石方工程量。对于特殊地质和地形条件的站址，采用土石方挖填综合平衡导致增加工程难度和费用时，可采用站外弃土或购土的不平衡原则，但应在项目前期阶段开始同步考虑水土保持的措施和方案，满足弃土场或取土场的水土保持要求。

由于土石方工程的时间、空间分布的原因，换流站在施工过程中必然会产生临时的堆土，主要为耕植土以及用于二次平整的回填土，这部分临时堆土需要设置临时堆土场。表层耕植土单独堆放，待施工完成后表层覆盖用于绿化。临时堆土场应选择在换流站施工空地区域。为防止雨水冲刷而产生水土流失，对临时堆土场需采取必要的防治措施，将因雨水造成临时堆土的水土流失减少到最低程度。

3. 植被措施

站区植被绿化主要根据当地的气候、水土条件及换流站的工艺要求，同时考虑与周边环境的统一、协调，尽量选择适宜当地种植、容易成活、生长旺盛的常绿低矮树种和草皮等，结合站区的总平面布置及换流站周边绿化现状，对站区环境进行综合的绿化。

站区绿化应做到点、线、面结合，灌、花、草结合，做到应绿尽绿，见缝插针，不留死角。

进站道路两旁也应进行绿化，不仅可以防护道路边坡的水土流失，还可减低交通噪声和扬尘污染。

4. 施工临时措施

换流站水土保持的施工临时措施应与主体工程施工进度保持一致。一般包括如下施工措施：

（1）彩条旗限界措施：在施工场地周围、施工道路两侧布设彩条旗限界，减少施工期的扰动范围。

（2）临时拦挡措施：一般采用编织袋、草袋装土进行挡护。编织袋（草袋）填土交错垒叠，袋内填充物不宜过满，一般装至编织袋（草袋）容量的 70%～80%为宜。对于水蚀严重的区域，在"品"字形编织袋、草袋挡墙的外侧需布设临时排水设施。

（3）防尘网、彩条布苫盖措施：对临时堆放的渣土和材料，选用防尘网、彩条布等苫盖，周边采取重物压实避免刮风引起的扬尘及降雨形成径流。底部选用彩条布等铺垫，减少清理渣土时对原地貌的扰动。

（4）排水、沉沙措施：雨季施工前应完成施工场地的排水、沉沙措施。为防止径流对沟口地表的冲刷及过多的泥沙进入自然沟道，需在排水口出口处布设沉沙池进行缓冲及沉淀泥沙。

（5）泥浆池、沉淀池措施：灌注桩基础施工时会产生钻渣浆，因此需采取措施对桩基础产生的钻渣进行处理。施工过程中，需在灌注桩外侧设置泥浆池存放钻孔施工需要的泥浆；泥浆池外侧尚需设置沉淀池对钻渣浆进行沉淀和固化处理。泥浆池及沉淀池挖方土临时堆置于池的四周，堆土内侧、外侧坡脚采用编织袋装土围护。

5. 余土处理措施

当换流站产生余土时，如有条件，应尽量做到余土综合利用，将余土用于其他需要的建设项目；无综合利用可能时，需考虑设置弃土场。

弃土场位置选择应考虑以下因素：

（1）不得在江河、湖泊、建成水库及河道管理范围内设置。

（2）应避开泥石流易发区、崩塌滑坡危险区以及易引起严重水土流失和生态恶化的地区。

（3）应符合城镇、景区等规划要求，并与周边景观相互协调，宜避开正常的可视范围。

（4）不得影响周边公共设施、工业企业、居民点等的安全。

（5）在山丘区宜选择荒沟、凹地、支毛沟。

（6）就近选择，减少运距。

弃土场设计的主要原则是保证弃土土体安全稳定以及避免弃土场产生水土流失。弃土场设计首先需保证弃土场土体稳定，弃土宜采取放坡方式，坡率需满足土体稳定要求，坡面采取植物护坡措施，及时播撒草籽，进行植物养护，表面覆盖三维网，并遵循"先拦后弃"原则，需根据地形设置截、排水沟，并在弃土场周边设置支挡措施，支挡措施需于弃土前施工，避免出现水土流失。

二、直流线路水土保持

直流线路的水土保持应结合环境保护和水土保持方案及批复意见，以建设绿色电网为目标，包括设计、施工、运行期等建设全过程采取的措施。

1. 表土剥离及回覆

表土剥离是指采用推土机、反铲挖掘机等机械将塔基表层土体推至存储区，具体施工工艺流程为施工准备、测量放样、表土剥离、堆存保护等步骤。表土回覆是土地平整工作结束后，调运临时堆放表土回覆至扰动区域。覆土厚度根据土地利用方向确定，农业用地 30～50cm，林业用地 40～60cm，牧业用地 30～40cm。对回覆的表土也需进行平整处理。

2. 截排水沟

在山区、丘陵区输电线路塔基存在较大汇水面时，可因地制宜的设置截排水沟措施，其布设位置一般距塔基约 2～3m。截排水沟出口处可直接接入已有排水沟（渠）内，没有顺接条件的，需与天然沟道进行顺接，顺接部位布设块石防护、喇叭口或修建消力池等消能顺接措施。

3. 护坡及挡土墙

直线线路的护坡方案应保证坡面稳定和护坡体自身可靠的前提下，采用小型、轻巧的结构型式。

4. 土地整治及恢复

土地整治包括临时堆土、弃渣表面的土地整治。基坑开挖时将表层的熟土和下部的生土分开堆放；土地整治时，将熟土覆盖在表层，根据原土地类型，尽量恢复其原来的土地功能（农田）或恢复植被（宜草、宜林的非农田，撒播草籽）。

土地整治主要包含全面整地、局部整地和阶地式整地三种方式。全面整地适用于占地较大区域农地和景观绿化用地的平整，整地坡度小于 3°可采用机械整地方式。局部整地适用于恢复经济林木、站址区绿化等，一般整地坡度小于3°～5°，采用人工整地方式。阶地式整地适用于分层平台整地，平台上成倒坡，坡度 1°～2°，采用人工整地方式。

5. 植被措施

线路工程的植物措施可采取种草、造林等措施。在项目规划设计阶段应合理规划，减少征占、压埋地表和植被的范围。在南方地形较缓或稳定边坡的地方，可采取封育管护措施恢复自然植被。渣面、工程不再使用的临时占地等应进行植被建设。对高陡裸露岩石边坡，可采用攀缘类植物分台阶实施绿化。

6. 施工临时措施

直流线路的施工临时措施应与主体工程施工进度保持一致。一般包括如下施工措施：

（1）彩条旗限界措施：在施工场地周围、施工道路两侧布设彩条旗限界，减少施工期的扰动范围。

（2）临时拦挡措施：一般采用编织袋、草袋装土进行挡护。编织袋（草袋）填土交错垒叠，袋内填充物不宜过满，一般装至编织袋（草袋）容量的 70%～80%为宜。对于水蚀严重的区域，在"品"字形编织袋、草袋挡墙的外侧需布设临时排水设施。

（3）防尘网、彩条布苦盖措施：对临时堆放的渣土和材料，选用防尘网、彩条布等苦盖，周边采取重物压实避免刮风引起的扬尘及降雨形成径流。底部选用彩条布等铺垫，减少清理渣土时对原地貌的扰动。

（4）排水、沉沙措施：雨季施工前应完成施工场地的排水、沉沙措施。为防止径流对沟口地表的冲刷及过多的泥沙进入自然沟道，需在排水口出口处布设沉沙池进行缓冲及沉淀泥沙。沉沙池一般为矩形或者圆形，其中矩形沉沙池一般宽 1～2m，长 2～4m，深 1.5～2.0m；圆形沉沙池直径 2m 左右，深 1.5～2.0m。

（5）泥浆池、沉淀池措施：灌注桩基础施工时会产生钻渣浆，因此需采取措施对塔基基础产生的钻渣进行处理。施工过程中，需在灌注桩外侧设置泥浆池存放钻孔施工需要的泥浆；泥浆池外侧尚需设置沉淀池对钻渣浆进行沉淀和固化处理。泥浆池及沉淀池挖方土临时堆置于池的四周，堆土内侧、外侧坡脚采用编织袋装土围护。

7. 余土处理

余土处理是涉及输电线路塔位安全和环境保护的重要环节。

对于平地段的输电线路塔基，当塔位处于农田中时余土原则上就地消纳，堆土高度不宜超过 0.5m，且不能影响耕作；对于非农田中塔位，余土可全部就地消纳，必要时可砌筑挡土墙，施工结束后要求播撒草籽恢复原始植被。

对于丘陵、山地段的输电线路塔基，当塔位地形坡度较小时，合理测算余土工程量并确定基础外露高度，保证基面出露场地不积水的情况下，将余土在塔基范围内就地摊平成龟背型。当坡度较大时，在保证安全可靠的前提下，采取修筑余土挡墙或外运处理等措施。

第五节 废 水 排 放

阀外冷却系统采用水冷或空、水联合冷却方式时均需要使用闭式蒸发型冷却塔散热，为了防止冷却塔换热盘管外表面结垢造成冷却效率降低，需要对喷淋补水进行水处理，一般采用反渗透方案过滤水中的离子或采用软化方案用钠离子置换钙镁离子降低水的硬度，而且前端还设置活性炭过滤器进行预处理，除去水中杂质及部分有机物。

为了节水及提高系统运行的可靠性，冷却塔一般设置缓冲水池，部分未蒸发的喷淋水将回至水池并重复使用。为了抑制水池内青苔等微生物的生长，需要向喷淋水中投加杀菌灭藻剂，有些工程根据水质状况，水中还需要投加缓释阻垢剂。

阀外冷却系统所产生的废水主要有以下 4 个来源：

（1）活性炭过滤器反冲洗后的废水，其主要成分基本与原水保持一致，包括悬浮颗粒物、大分子有机物或藻类（若进水为地表水时）等。

（2）全自动软水装置反冲洗和再生废水，全自动软水装置反冲洗一般采用预先储存的软化水，反冲洗废水中含有少量盐分和悬浮物；树脂再生使用浓度为 3.5% 的盐水，再生废水含盐量较高。

（3）反渗透装置正常运行时未通过渗透膜而被排出的一部分水（弃水），弃水量可根据回收率进行调节，弃水中离子种类与原水相同，离子浓度则随回收率波动，如当回收率为 75% 时，弃水的总含盐量为原水的 4 倍，即相当于原水被浓缩了四倍。

（4）因冷却塔运行时，喷淋水不断蒸发，水池中水的杂质浓度必然升高，当浓缩达到一定倍率后（一般为 5～10 倍）需要排污，通过补充水与存水的不断混合达到降低水中盐分浓度的目的。废水中含杀菌灭藻剂、缓蚀阻垢剂和各种盐分。

为了降低废水排放量以及满足国家排放标准，可采取的措施或方案如下：

（1）在水源充足的情况下，冷却塔喷淋水处理应尽量采用反渗透处理方案，尽管弃水率较高，但是，反渗透装置的出水水质好，喷淋水池内只需加入少量的杀菌灭藻剂即可，这将大大减少喷淋水中化学药剂的含量。

（2）反渗透装置清洗后的化学废液不应直接排放，应收集后运出换流站外由专业公司或污水处理厂进行处理。

（3）化学药剂选用环保型产品。

（4）在满足排放标准和保证喷淋水质的前提条件下，喷淋水的浓缩倍率应尽可能提高以降低排污水量。

（5）废水收集后采用加热蒸馏的方式进行浓缩，并最终实现结晶，在蒸发量大于降水量地区，还可采用自然蒸发的方式。结晶盐经过简单晾晒后运至站外固体废弃物处理厂。

第六节 小 结

本章从电磁环境、噪声控制、水土保持、废水排放四个方面对换流站和直流输电线路的环境保护和减排措施展开了研究，换流站环境保护和减排措施表见表6-9。

表6-9 换流站环境保护和减排措施表

分 类		环境保护和减排措施
电磁环境		1. 合成电场强度和离子电流密度：① 限制导线表面电场强度；② 控制起晕电场强度； 2. 无线电干扰：① 增大极间距；② 增加导线高度；③ 改变子导线分裂间距；④ 增加分裂根数或半径
噪声控制	换流站	1. 低噪声设备：① 干式空心电抗器周围加装圆筒式隔声罩；② 电容器出线套管或底部方向增加隔声罩；电容器单元内部适当位置加装高声阻抗合金材料的降噪板，电容器单元内部增加阻尼元件，电容器箱壳底部采用双箱底和设置减振垫；③ 采用大直径低转速轴流风扇；④ 闭式冷却塔进、出风口设置片式消声器，电机采用隔声罩封闭。 2. 控制传播途径：① 站址选择和总平面布置优化；② 换流变压器和油浸式平波电抗器设置隔声罩和声屏障；③ 交流滤波器场设置声屏障；④ 高压并联电抗器和主变压器设置声屏障；⑤ 闭式蒸发式阀冷却塔和空气冷却器声屏障； 3. 接受者的听力保护：① 在控制楼内阀厅巡视走道入口处应设置声闸，并设置双道隔声门，在两道隔声门之间设置吸声体；② 对于室内要求安静的建筑物，宜设置隔声门和隔声窗；③ 在高噪声环境工作时应佩戴防噪声耳塞
	线路	可听噪声：① 增大极间距；② 提高导线高度；③ 改变子导线分裂间距；④ 增加导线分裂根数或者扩大导线直径

分 类		环境保护和减排措施
水土保持	换流站	1. 对挖、填方边坡设置相应的护坡、挡土墙及截排水设施； 2. 站区土石方工程应按综合平衡设计，在项目前期阶段开始同步考虑取土场及弃土场水土保持的措施和方案，对临时堆土场需采取必要的防治措施； 3. 站区绿化选择适宜当地种植、容易成活、生长旺盛的常绿低矮树种和草皮等，做到点、线、面结合，灌、花、草结合，做到应绿尽绿，见缝插针，不留死角； 4. 施工临时措施需及时、规范； 5. 换流站余土优先考虑综合利用，用于其他需要的建设项目；无综合利用可能时，要设置弃土场
	线路	1. 将塔基表层土体推至存储区，土地平整工作结束后，调运临时堆放表土回覆至扰动区域； 2. 线路塔基存在较大汇水面时，设置截排水沟措施。截排水沟出口处接入已有排水沟（渠）内或与天然沟道进行顺接； 3. 直线线路的护坡方案应保证坡面稳定和护坡体自身可靠，采用小型、轻巧的结构型式； 4. 基坑开挖时将表层的熟土和下部的生土分开堆放；土地整治时，将熟土覆盖在表层，根据原土地类型，尽量恢复其原来的土地功能（农田）或恢复植被（宜草、宜林的非农田，撒播草籽）； 5. 植物措施可采取种草、造林等措施。稳定边坡可采取封育管护措施恢复自然植被。渣面、工程不再使用的临时占地等应进行植被建设。对高陡裸露岩石边坡采用攀缘类植物分台阶实施绿化； 6. 施工临时措施需及时、规范； 7. 平地段农田中塔基余土原则上就地消纳，不能影响耕作；平地段非农田中塔位，余土全部就地消纳，可砌筑挡土墙，施工结束后恢复原始植被。丘陵、山地段的塔基余土在塔基范围内就地摊平成龟背型或采取修筑余土挡墙或外运处理等措施
废水排放		1. 冷却塔喷淋水处理应尽量采用反渗透处理方案； 2. 反渗透装置清洗后的化学废液收集后运出换流站外由专业； 3. 公司或污水处理厂进行处理； 4. 化学药剂选用环保型产品； 5. 喷淋水的浓缩倍率尽可能提高； 6. 废水收集后采用加热蒸馏或自然蒸发的方式进行，实行废水零排放

第七章

展　望

第一节　新技术应用

一、大容量柔性直流输电应用

柔性直流换流站作为一种新型的换流技术，现阶段其运行损耗要高于常规直流换流站，但柔性直流作为今后换流技术的一个新的发展方向，在应用过程中，也应注重对其开展低碳设计，不断推动其能耗水平的降低，减少碳排放。本节基于现有柔直技术应用情况，对柔直换流站的低碳设计进行简要探讨。

（一）选用低损耗的换流器拓扑

1. 直流线路采用电缆时

两电平或三电平换流器的开关频率很高（约 1~2kHz），开关损耗较大，额定工况时换流阀的损耗约占换流站额定直流功率的 2% 左右。因此，在高压大容量的直流输电领域，不推荐采用两电平或三电平换流器。

对于直流线路采用电缆时，为了降低运行损耗，优先选用采用半桥子模块的 H-MMC 或 CTL 换流器。

2. 直流线路采用架空线时

对于直流线路采用架空线时，为了提高系统的可靠性，可选用采用全桥子模块的 F-MMC 或采用箝位双子模块的 C-MMC。在采用这两种换流器拓扑时，通过闭锁换流器可实现直流侧故障的隔离。但由于 C-MMC 的 IGBT 数量较少，为 F-MMC 的 5/8，而仅增加了部分阻断二极管，因此从造价和损耗上来说，C-MMC 均有优势。

另外，对于特高压柔直换流站来说，受换流变压器制造容量和运输难度的限制，类似于特高压晶闸管阀换流站，柔性直流换流器推荐采用高低阀组串联方式，该方式也能提高运行的灵活性。以正在规划建设中的乌东德工程柳北±800kV柔性直流换流站和龙门±800kV柔性直流换流站为例，换流器采用高低阀组串联方式（400kV+400kV）。换流器拓扑提出了全桥结构方案和混连结构方案（包括全桥80%+半桥20%、全桥70%+半桥30%、全桥50%+半桥50%）。全桥结构和混连结构均能实现直流故障自清除和快速重启功能（即当直流遭遇短时可恢复性故障时维持换流器的运行而不闭锁），并且都可用在重启过程中控制电压上升率，都可以降压运行。全桥结构在直流故障清除及快速启动等方面的能力略优于混连结构，全桥结构在阀控以及控制保护等方面相较于混连方案都更加简单，混连方案将增加运行维护的复杂度。但另一方面，相对混连结构而言，全桥结构采用的IGBT数量也更多，因此，工程投资更多，换流器的运行损耗也更大。因此，特高压柔性直流换流器拓扑结构的具体确定还需结合系统要求、运维可靠性、设备制造能力以及工程成本和损耗控制等多方面因素综合考虑。从节省工程投资、降低运行损耗的角度出发，优选混连方案。

与此同时，需要说明的时，在采用H-MMC时，也可在换流站的直流线路出口配置直流断路器的方式来解决直流故障清除的问题。考虑到基于常规交流断路器的机械式直流断路器开断时间过长（一般在几十ms），无法满足柔性直流输电故障的快速切除需求，目前国内外厂家和科研机构转而投向采用基于纯电力电子器件的固态断路器和基于常规机械开关与电力电子器件的混合式断路器。美国CPES已研制出基于纯电力电子器件的2.5kV/1.5kA和4.5kV/4kA样机，开断时间约为300μs，但由于固态断路器损耗较大，尚未能在高压大容量领域得到工程化应用。在基于常规机械开关与电力电子器件的混合式断路器研制方面，ABB和ALSTOM均已完成样机研制，开断电流已超4kA，开断时间约5ms。全球能源互联网研究院直流输电技术研究所自主研发并授权生产的200kV直流断路器已在舟山柔直工程中投入运行，开断电流可达15kA，开断时间约3ms；同时，国内厂家已在致力于更高电压等级和更高开断电流的直流断路器研制工作，目前，已有500kV直流断路器完成样机制造并通过各项型式试验。由于常规机械开关的通态损耗很小，因此混合式断路器的应用前景较好。此外，考虑到机械式断路器控制简单、可靠性高且成本较低，南方电网公司联合华中科技大学、思源电气股份有限公司在国际上首次研制出160kV机械式高压直流断路器，该断路器基于耦合式高频人工过零技术，以实现双向直流电流的快速开断，开断时间3.5ms，开断电流9kA，目前已应用于南澳多端柔性直流输电工程，且理论上该技术可应用于更高电压等级。H–MMC 和直流断路器相配合的方式，其损耗低于采用 C–MMC 的换流器。因此，在直流断路器技术完善后，可通过经济技术比较，优先选用 H–MMC 加直流断路器的方式。

（二）选用低损耗的开关器件

IEGT 是在 IGBT 的基础上运用增强注入效应制成的电力电子开关器件，IEGT 与 IGBT 在结构上非常相似，不同之处在于 IEGT 的门极宽度较大。在导通过程中，相较于 IGBT，IEGT 的 N 基区在导通时载流子浓度较高，因此其饱和电压和导通压降相较于 IGBT 均较低，这是 IEGT 相较于 IGBT 一个很大的优势。而在关断过程中，IEGT 和 IGBT 一样具有关断速度快、关断损耗小、安全工作区域宽的优点。因此，从降低损耗的角度出发，建议选用 IEGT 器件。

此外，随着大功率全控型电力电子器件的广泛使用，其制造技术水平也快速提高，新材料、新工艺、新技术的使用可以实现更低功耗、更大功率容量、更高工作温度的器件，其中碳化硅 SiC 成为目前大功率半导体的主要研究方向。

碳化硅 Sic 功率器件是全球电力电子器件大型企业目前重点的发展方向。碳化硅功率器件主要有以下优点：

（1）耐压等级高，目前已有 15kV 的碳化硅 IGBT 的报道，最高耐压可达 24kV，这将大大减少换流阀子模块或器件的串联数量。

（2）具有优异的开关性能，其开关时间只有相同电压等级的同类硅器件的数十分之一，可大大提高器件的开关频率，降低开关损耗。

（3）导通电阻小，其导通电阻只有硅器件的数十分之一，可大幅度降低导通损耗。

（4）热导率高，具有耐高温特性，目前已报道的最高器件结温可到 300℃，能够大幅降低阀冷需求。根据相关研究，若在柔性直流工程中采用碳化硅 IGBT 器件，其损耗大约可降低 40% 以上。

（三）采用环流抑制控制技术

由于 MMC 的三相桥臂相当于并联在直流侧，而稳态运行时各桥臂间的电压不可能完全一致，因此必然会在 MMC 的三相桥臂间产生环流，从而使正弦的桥臂电流波形发生畸变。环流分量会增大桥臂电流的有效值，进而增大损耗，并提高对器件额定容量的要求。在桥臂电抗的设计中已考虑了环流的抑制，将内部环流的大小限制在一定的范围内。但这只是被动地增大了环流阻抗，不可能完全消除环流，因此在工程中可采用专门用于抑制环流的附加控制器，其通过在桥臂电压指令信号中叠加一个附加控制信号的方式，可以在不增大桥臂电抗电感值的情况下，将 MMC 内部环流抑制在一个比较低的水平。

（四）换流/联接变压器阀侧电压优化

在传输相同功率时，换流/联接变压器阀侧电压越高则流过换流阀的电流越小，因而阀的损耗也越小。因此，在满足稳态功率运行范围的条件下应尽量提高换流/联接变压器阀侧电压。

此外，换流/联接变压器分接头控制也有利于将阀侧电压控制在一个合适的范围，从而也降低了换流阀的损耗。

（五）降低器件开关频率

对于柔性直流输电系统来说，直流侧由多个 MMC 子模块串联组成，因此换流器的直流电压控制包括总直流电压控制以及各子模块直流电容电压的平衡控制。对于波形控制所需的开关次数是固定的，属于不可优化部分；而对于电容电压平衡控制引起的附加开关次数是非固定的，可通过合适的控制在保证电压平衡效果的前提下降低开关频率。

电容电压平衡控制一般采用基于电容电压排序的方法，常规的实现方式是控制子模块电压差值。这种控制方式可以严格地控制各子模块电容电压之间的差值，但没有考虑降低器件开关频率的要求，子模块的投切仅根据电容电压排序结果，并不顾及子模块的初始投切状态。子模块的投切状态变化比较频繁，开关器件的开关频率比较高，这会造成较大的开关损耗。

因此，有学者提出采用控制子模块电压波动的方式。这种平衡控制的目标并不是追求各子模块电容电压的完全一致，而是抑制各子模块电容电压相对其额定值的波动幅度。在电容电压额定值附近设定一组电压上、下限，将平衡控制的重点放在电容电压越限的子模块上。对电容电压未越限的子模块，则结合桥臂电流的充放电情况对其电容电压进行处理，然后再做排序。这种处理的目的是在一定程度上增大电容电压未越限的子模块在触发控制下一次动作时保持原来投切状态的概率，以降低器件的开关频率，进而降低换流器的开关损耗。

（六）优化总平面布置

柔性直流换流站的主要设备一般被分别布置在交流设备区、联接变压器区、桥臂电抗器区、阀厅、直流场设备区、控制室和冷却设备区等。换流站一般采用按照电气主接线顺序进行布置的方式，以保证接线顺畅并便于运行维护。

换流站布置根据其功率容量及场地受限情况不同有较大的区别。根据建筑层数的不同可分为多层结构和单层结构两种。

多层布置方案采用紧凑型的布局，接线较为复杂，但换流站占地面积小。在换流站容量较小或是在对换流站的面积要求较严格时，可采用多层布置，以最大限度减小换流站的占地。

另外，需要补充说明的是，柔性直流换流站占地面积较常规直流换流站较小的结论，与直流输电电压和输电容量有较大的关系。以渝鄂直流输电工程南通道换流站为例，工程建设背靠背换流站，换流站直流额定电压为±420kV、额定容量为2500MW。基于可研阶段设计方案，当建设常规直流换流站时，考虑交流滤波器等布置场地后，换流站电气总平面布置尺寸约为507m×330m，占地面积约为15.65ha；当建设柔性直流换流站时，考虑建设2套±420kV、额定容量为1250MW的背靠背换流器，换流站电气总平面布置尺寸约为425m×238m，占地面积约为8.63ha。另外，以南方电网公司正在建设的乌东德工程柳北换流站为例，换流站直流额定电压为±800kV、额定容量为3000MW。基于初步设计阶段方案，当建设常规直流换流站时，换流站电气总平面布置尺寸约为562m×462.5m，占地面积约为22.24ha。当建设柔性直流换流站时，换流器采用高低阀组，换流站电气总平面布置尺寸约为521.5m×465m，占地面积约为21.50ha。两个工程的占地对比如表7-1所示。

表7-1　　　　　　　　　　换流站占地对比表

工　程	常直方案占地（ha）	柔直方案占地（ha）	节省占地（%）
渝鄂南通道换流站	15.65	8.63	44.9
乌东德柳北换流站	22.24	21.50	3.3

可以看出，对于（超）高压换流站而言，采用柔性直流方案较常规直流方案节地效果明显，换流站建设过程中相应的低碳效应也较为显著。而对于特高压换流站而言，交直流滤波器场地和柔直阀厅及启动回路增加的面积相当，柔性直流方案与常规直流方案相比，不再具有明显的节地优势。

二、更高电压等级直流输电应用

随着我国经济的不断发展，对电力需求的不断提高，采用更高电压等级的直流线路能够大大减少线路损耗。例如，在导线总截面、输送容量均相同时，

±800kV 直流线路的电阻损耗是±500kV 的 39%，更高电压等级输电线路大幅度减低了输电线路电阻损耗，具有明显节能、提高输电效率的效果。

三、更高电压等级共塔架设应用

随着社会经济的持续快速发展，电力需求不断攀升，电网建设随之加快。我国电力系统全国联网、西电东送、南北互供工程的实施，更多的特高压直流输电工程将开工建设。经济的持续发展使得土地资源更加趋于紧张，特别是经济发达地区，难以保证充足的输电线路走廊资源。

我国已开展了特高压输电技术和同塔多回输电技术的研究，取得了良好的效果，在一定程度上缓解了线路走廊资源紧缺问题，并且得到了工程实践的检验。

在将来的电网发展中，直流线路向更高电压等级发展，采用更高电压等级线路共塔架设，甚至更高电压混压线路共塔架设也将是一个重要发展方向。

第二节　新设备新材料应用

一、超导变压器

换流站内变压器包括换流变压器和各类交流变压器。交流变压器主要包括高低压站用变压器，对于交直流合建换流站工程，还包括交流降压变压器或联络变压器。随着超导技术的发展，特变是高温超导技术的发展，各国都在积极研究开发超导变压器技术。换流站内变压器若能采用超导变压器，将能有效降低变压器运行能耗，实现低碳节能运行。

铜损是变压器最主要的损耗，可以占变压器总损耗的 80%。超导变压器的绕组采用超导材料制成，电阻接近于零，因此超导变压器的铜损将大幅降低。此外，超导变压器的体积小、重量轻，可以减小换流站的占地面积，减少运输成本，降低变电站建造费用和建筑材料，从而降低了建造过程中的碳排放。

目前，欧美、日本都相继研制出了 MVA 级的 HTS 变压器。我国新疆特变电工股份有限公司和中国科学院电工研究所联合承担的高温超导变压器研究课题组也研制成功 630kVA 三相高温超导电力变压器，其负载损耗仅相当于同容量油浸变压器负载损耗的 4%。

二、超导限流器

超导限流器是超导技术在电力系统应用中的另一个重要领域。超导故障限流器可分为两大类，一类是依据短路电流造成超导体失超，从超导态转变为正常态，使限流器呈现很大阻抗来限制电力系统的故障电流，它有多种类型，如电阻型、电抗型、变压器型和磁屏蔽型等；另一类是不失超型超导限流器，它不存在超导/正常态的转化，当线路发生短路故障时，超导限流器随着线路电流的周期性变化在高阻与低阻状态之间切换，这一类超导限流器主要分为桥路型与电抗型。

超导限流器具有以下基本特性：① 具有限制故障电流的能力，可将故障电流限制在系统额定电流的 2 倍左右，这比常规断路器的开断电流小一个数量级。② 动作电流值可控。③ 可集监测、转换、限制于一身，这种限流器的可靠性高，它将是一类"永久的超保险丝"。④ 结构简单、体积小。⑤ 正常状态下低阻抗、低功率损耗。

现在，随着电网容量的增加和规模的不断扩大，电力系统的短路容量越来越大。目前，SF_6 断路器的最高开断容量约为 63kA，要进一步提高其开断容量是非常困难的。而且，随着短路电流的增大，短路对电网的冲击也会越大，巨大的短路电流甚至可能导致电力系统的崩溃。目前，在 500kV 输电系统中尚无有效的限流设备，而只能采取从电网的结构上和运行方式上入手来降低短路电流，由此带来了电网造价昂贵，扩大电网的输送容量与规模受到限制，电网的阻抗无法减小，因此网损的进一步降低也受到限制。

电网要进一步发展必须对短路电流采用有效的限制措施。超导限流器正常运行时几乎没有阻抗，因而大规模使用也不会使网损增加多少，而大规模使用超导限流器后，电网的稳定性和可靠性大幅提高，电网的输送容量不再受到限制，电网结构可以更合理，变压器可以普遍采用低阻抗变压器，系统阻抗可以大幅下降，网损减少的幅度将远大于安装超导限流器增加的损耗。

安装超导限流器后，电网的短路水平大幅降低，由此电网设备和导体的热稳定值可以大幅降低，因此电网的建设成本也会有较大的降低。而电网的稳定性和可靠性却能得到大幅提高。超导限流器的优越性能使它在未来的电网中必然成为重要的组成部分。

三、换流站智能化应用

目前换流站已广泛采用顺序控制等自动化功能，实现了一定程度的减人增效，但这仅局限于换流站内数字化信息的传递，没有实现按照集中控制、无人值班要求，采集换流站全景数据，实现可满足调度、运行需求的智能应用功能。近年来，随着设备信息的数字化、通信规约的标准化、计算机网络化的发展，以及基于 IEC 61850 标准化信息平台的自动化系统和智能一次设备、电子式互感器、设备状态监测等数字化技术的广泛应用，为换流站智能化应用创造了条件。换流站拟配置智能告警及事故信息综合分析、智能巡检、状态检修等智能化应用功能。

智能告警及事故信息综合分析决策功能指的是能对站内各种告警信息分类、过滤，按功能分页显示，并对告警及事故信息进行综合分析决策和处理，其功能由专门的专家分析系统完成；智能巡检功能是物联网技术在换流站中的具体应用。所谓物联网技术，是指通过射频识别（RFID）、红外感应器、全球定位系统、激光扫描器等信息传感设备，按约定的协议，将任何物品与互联网相连接，进行信息交换和共享，以实现智能化识别、定位、追踪、监控和管理的一种技术；状态检修将是全站电气设备综合性状态检修，指的是基于设备在线监测的数据，以安全、可靠、环境、成本为基础，生成检修决策系统，实现电气设备寿命评估及状态检修。

换流站智能化应用可更加显著提高生产运行的自动化水平和管理效率，优化换流站设备的全寿命周期成本，促进节能减排、发展低碳经济。

四、大截面新型导线应用

输电线路是电网的主要构成部分之一，由于导线电阻的存在，电能在传输过程中会产生一定的损耗，这一部分电能损耗往往被忽略，而实际上，这一部分损耗费用也相当可观。因此，适当地增大导线截面，以有效地降低输电线路的线损十分必要，这也是输电工程节能降耗的关键所在。同时，大截面导线技术可解决输电容量需求大而线路走廊资源有限的问题。同等条件（电压等级、分裂数、导线材料）下，导线截面积增加 1 倍，从经济电流密度的角度看，导线的输电容量可提升 90%以上，从导线发热条件的角度看，输电容量也可提升50%左右，明显提高输电走廊的效率。

参 考 文 献

[1] 中国电力工程顾问集团中南电力设计院有限公司. 高压直流输电设计手册 [M]. 北京：中国电力出版社，2017.

[2] 电力规划设计总院. 中国能源发展报告 2017 [M]. 北京：中国电力出版社，2017.

[3] 电力规划设计总院. 中国电力发展报告 2017 [M]. 北京：中国电力出版社，2017.

[4] 王瑞. 建筑节能设计 [M]. 武汉：华中科技大学出版社，2010.

[5] 韩轩. 建筑节能设计与材料选用手册 [M]. 天津：天津大学出版社，2012.

[6] 刘骏，钟伟华. 金沙江水电外送特高压直流输电系统共用接地极设计 [J]. 电力建设，2010，32（2）：17-20.

[7] 周挺，曾连生，王伟刚，等. 垂直型接地极在±800kV 普洱换流站的应用 [J]. 南方电网技术，2015，9（11）：31-35.

[8] 于坤山，谢立军，金锐. IGBT 技术进展及其在柔性直流输电中的应用 [J]. 电力系统自动化，2016，40（6）：139-143.

[9] HINOJOSA M，O'BRIEN H，VAN B E，et al. Solid-state Marx generator with 24kV 4H-SIC IGBTs [C] //2015 IEEE Pulsed Power Conference（PPC），May 31-June 4，2015，TX，USA：5P.